Unity3D PlayMaker
游戏设计与实现

周颐　孙辛欣　盛歆漪　著

电子工业出版社
Publishing House of Electronics Industry
北京·BEIJING

内 容 简 介

与传统软件操作类图书不同的是，本书并没有以PlayMaker的各种组件为顺序进行介绍，而是从如何制作一个完整电子游戏的角度出发，详细介绍了如何使用PlayMaker在Unity3D的环境中设计并开发游戏的各个重要组成部分，包括制作游戏的玩家控制角色，非玩家控制角色，地形、天空、关卡、声音，以及图形用户界面等。本书内容深入浅出，层层递进。通过对本书内容的学习，读者就可以制作出完整的3D游戏。

全书分为7章。第1章主要介绍了游戏设计与开发、Unity游戏引擎、PlayMaker可视化编程插件等相关知识。第2章介绍了Unity的获取与使用、Unity的基本操作、PlayMaker的获取与导入、PlayMaker的基本操作。第3章至第7章介绍了如何使用PlayMaker和Unity3D开发游戏中的玩家控制角色、战斗型非玩家控制角色、服务型非玩家控制角色、游戏环境的设计、图形用户界面设计以及如何发布游戏。本书附有配套的数字资源，包括书中案例的完整资料，方便读者对照学习。

本书适合有志于独立游戏开发的艺术设计师、游戏设计人员，以及所有对游戏开发感兴趣的读者参考。

未经许可，不得以任何方式复制或抄袭本书之部分或全部内容。
版权所有，侵权必究。

图书在版编目（CIP）数据

Unity3D PlayMaker游戏设计与实现 / 周頔，孙辛欣，盛歆漪著. — 北京：电子工业出版社，2019.4
ISBN 978-7-121-35561-5

Ⅰ.①U… Ⅱ.①周… ②孙… ③盛… Ⅲ.①游戏程序－程序设计 Ⅳ.①TP317.6

中国版本图书馆CIP数据核字(2018)第260306号

责任编辑：赵玉山
印　　刷：天津嘉恒印务有限公司
装　　订：天津嘉恒印务有限公司
出版发行：电子工业出版社
　　　　　北京市海淀区万寿路173信箱　邮编：100036
开　　本：787×1092　1/16　印张：14.25　字数：462千字
版　　次：2019年4月第1版
印　　次：2019年4月第1次印刷
定　　价：79.00 元

凡所购买电子工业出版社图书有缺损问题，请向购买书店调换。若书店售缺，请与本社发行部联系，联系及邮购电话：（010）88254888，88258888。
质量投诉请发邮件至zlts@phei.com.cn，盗版侵权举报请发邮件至dbqq@phei.com.cn。
本书咨询联系方式：（010）88254556，zhaoys@phei.com.cn。

前言

为什么要写这样一本书

　　电子游戏的设计与开发，是个既需要艺术，也需要技术的复杂工作。过去，游戏开发领域基本都以程序员为主导，而负责游戏中各种艺术设计工作的模型设计师、UI设计师、动画设计师等基本都处于辅助地位。随着《纪念碑谷》这类游戏的出现，艺术设计在游戏设计与开发中的作用得到了显著提高，而且很多艺术背景的设计师也开始转做独立游戏开发。借助Unity3D这类引擎，游戏开发的难度已经大大降低。但是阻碍艺术背景的设计师独立开发游戏的，仍旧是如何用程序把设计好的各种游戏素材组装起来。Unity3D中的代码基本都是用C#来完成的，要想在短时间内掌握这门编程语言，并且流畅地编写游戏脚本并不是一件简单的事情。而且对于程序员来讲，在开发中也经常会遇到快速制作出游戏原型，或者快速实现某种游戏功能的需求。为了让更多的人能参与到游戏开发中，更方便快捷地开发电子游戏，出现了一些可视化编程工具。而PlayMaker无疑是其中最受欢迎的一款。

　　虽然PlayMaker得到越来越多游戏开发人员的关注，甚至像《炉石传说》、《INSIDE》这类经典游戏的开发中都有PlayMaker的参与，但遗憾的是，国内缺乏关于PlayMaker的图书。为了方便大家学习如何使用PlayMaker高效地制作游戏，特此推出这样一本既适合设计师、也适合程序员阅读的专业书。

本书特点

版本最新

　　本书以最新版本的Unity3D和PlayMaker为对象进行讲解，系统介绍了如何在Unity3D环境中使用PlayMaker设计开发游戏，内容新颖。

实用的章节安排，面向实战

　　与传统软件操作类书不同的是，本书并没有以PlayMaker的各种组件为顺序进行介绍，而是从如何制作一个完整电子游戏的角度出发，详细介绍了如何使用PlayMaker在Unity3D的环境中设计并开发游戏的各个重要组成部分，包括制作游戏的玩家控制角色，非玩家控制角色，地形、天空、关卡、声音，以及图形用户界面等。顺序学完本书内容，即可制作出完整的3D游戏，而且对PlayMaker也有了全面的理解，非常实用。

左右双栏

　　本书所有章节的排版都采用左右双栏的布局，包括正文栏和注释栏。建议将左右栏结合在一起阅读。

既适合设计师，也适合程序员

　　无论是有志于独立游戏开发的艺术设计师，还是需要快速制作游戏原型和功能模块的程序员，本书对他们都有自己独特的价值。本书既可以作为教材，也可以作为对游戏开发感兴趣读者的参考书。

实用的配套资源

　　本书示例中用到的素材，既有从Asset Store中下载的免费资源，也有专门为此制作的模型、脚本等。所有这些书中用到的素材，以及完整的游戏项目，都在本书配套的数字资源中有提供，以方便读者对照学习。

内容导读

本书分为 7 章，以制作游戏中的不同组成部分为顺序，进行了系统性的讲解。

第 1 章： 主要介绍了游戏设计与开发中的相关内容，为后续章节使用 Unity3D 和 PlayMaker 进行游戏开发做好准备。具体包括：游戏与电子游戏的概念、电子游戏的分类、游戏设计与开发的过程、游戏引擎的概念、Unity3D 简介、PlayMaker 简介、使用 Unity3D 和 PlayMaker 开发的游戏简介。

第 2 章： 介绍 Unity3D 和 PlayMaker 的获取及安装，并通过实例介绍它们各自的使用方法，以及使用 PlayMaker 在 Unity3D 中控制游戏对象的方法，包括平铺直叙式 FSM、多 FSM 协同式。

第 3 章： 详细介绍了游戏中玩家控制角色的设计与实现。分析了玩家控制角色一般必须要具备的五种功能：前/后移动、转向、攻击、跳跃、收集，并通过多 FSM 协同式实现了这些功能。具体包括如何把 3ds Max 做的模型导入游戏，如何处理动画，如何使用角色控制器，如何对键盘输入做出响应，如何使用 C# 脚本，如何使用 PlayMaker 控制 C# 脚本，如何使用 Tag，如何销毁游戏对象。

第 4 章： 详细介绍了战斗型 NPC 的设计与实现方法，着重分析了战斗型 NPC 的行为逻辑。使用上下两层式结构，完成了战斗型 NPC 的 FSM 构建。介绍了游戏中角色（包括玩家控制角色与非玩家控制角色）生命系统的设计与实现方法。并在此基础上实现了玩家控制角色与非玩家控制角色之间的交互。具体包括如何从 Asset Store 中导入素材，如何使用数组，如何用武器进行攻击，如何徒手进行攻击，如何在一个 FSM 中访问另一个 FSM 中的变量，如何禁用或使用一个 FSM，什么情况下需要设置子物体与父物体，碰撞体 Collider 与刚体 Rigidbody，Is Trigger 以及碰撞检测。

第 5 章： 重点介绍了服务型 NPC 的设计与实现方法。具体包括大多数游戏中角色对话的实现途径，游戏中的视角切换问题，服务型 NPC 的行为逻辑，使用 UGUI 来实现对话框（包括 Canvas、Panel、Text 和 Button 的使用），如何用 PlayMaker 来控制 UGUI，预制件与实例。

第 6 章： 介绍了如何设计与实现游戏世界中的四种重要元素：地形、天空、关卡和声音。具体包括如何创建地形（山脉、河流），Paint Height 工具，Raise/Lower Terrain 工具，Smooth Height 工具，地形的纹理，如何在地形上植树，LOD 技术，Paint Trees 工具，如何在地形上种草，Paint Details 工具，如何制作波动的水面，游戏场景的边界，天空盒技术，关卡的实现，存档点与位置保存，玩家控制角色的死亡与复活机制，PlayMaker 中对预制件与实例的操作，Unity 游戏中播放声音的原理，音频监听器，音源，如何给游戏加背景音乐，如何用 PlayMaker 控制游戏音效的播放，3D 音效的使用。

第 7 章： 主要以 HUD 和主菜单为例，详细介绍了游戏中图形用户界面的设计与制作方法。具体包括 UGUI 的容器与控件，Canvas 的三种渲染模式，如何让 UI 自适应屏幕，如何搭建图形用户界面，如何用 PlayMaker 来控制图形用户界面，如何制作游戏中的血条，如何制作小地图，如何实现不同坐标系之间的变换，如何搭建游戏的主菜单，如何进行场景的切换，如何制作弹出式图形用户界面，如何退出游戏，全局变量和局部变量的概念，如何设置及使用全局变量，如何控制背景音乐的音量，如何发布游戏。

配套资源说明

在本书的配套资源中，既有需要导入游戏项目的素材，也有完整的游戏项目，读者可在华信教育资源网（www.hxedu.com.cn）下载。在正文中相应的位置会提示读者此处该使用哪个配套资源，读者只需按照正文的提示使用即可。

目 录

CHAPTER 01
游戏设计概论 001

- 1.1 游戏设计与开发 002
  - 1.1.1 游戏与电子游戏 002
  - 1.1.2 电子游戏的分类 003
  - 1.1.3 游戏设计与开发的过程 006
- 1.2 Unity 游戏引擎 007
  - 1.2.1 游戏引擎 007
  - 1.2.2 Unity 简介 009
  - 1.2.3 用 Unity 开发的游戏 011
- 1.3 PlayMaker 可视化编程插件 013
  - 1.3.1 PlayMaker 简介 013
  - 1.3.2 PlayMaker 参与开发的游戏 014
- 1.4 总结 016

CHAPTER 02
初识 Unity3D 和 PlayMaker 017

- 2.1 Unity 的获取与使用 018
  - 2.1.1 Unity 的安装 018
  - 2.1.2 Unity 的界面 020
- 2.2 Unity 的基本操作 022
- 2.3 PlayMaker 的获取与导入 025
- 2.4 PlayMaker 的基本操作 027
  - 2.4.1 用 PlayMaker 实现对鼠标移动的响应 027
  - 2.4.2 用 PlayMaker 实现对鼠标单击的响应 031
- 2.5 总结 038

CHAPTER 03
玩家控制角色的设计 039

- 3.1 Hero 角色的导入 040
  - 3.1.1 导入模型与贴图 041

   3.1.2 角色的动画 043

   3.1.3 角色控制器 045

  3.2 Hero 的行为设计与实现 047

   3.2.1 "前 / 后移动"的 PlayMaker 实现 047

   3.2.2 "转向"的 PlayMaker 实现 052

   3.2.3 "攻击"的 PlayMaker 实现 055

   3.2.4 "跳跃"的 PlayMaker 实现 057

   3.2.5 "收集"的 PlayMaker 实现 065

   3.2.6 "生命系统"的 PlayMaker 实现 069

  3.3 总结 070

CHAPTER 04
非玩家控制角色的设计一：战斗型 NPC 071

  4.1 战斗型 NPC（Killer）的行为分析 072

   4.1.1 总体行为逻辑 073

   4.1.2 "巡逻"行为的分析 074

   4.1.3 "追击"行为和"攻击"行为的分析 076

  4.2 战斗型 NPC（Killer）的 PlayMaker 实现 077

   4.2.1 从 Asset Store 导入角色 077

   4.2.2 Killer 的 FSM 结构 079

   4.2.3 总体行为管理模块的实现（Main FSM） 080

   4.2.4 "巡逻"行为的实现（Patrol FSM） 084

   4.2.5 "追击"行为的实现（Chase FSM） 088

   4.2.6 "攻击"行为的实现（Attack FSM） 091

  4.3 Hero 与 Killer 之间的互动 092

   4.3.1 Hero 的生命系统 093

   4.3.2 Killer 攻击 Hero 时的碰撞检测 097

   4.3.3 Killer 的生命系统 102

   4.3.4 Hero 反击 Killer 时的碰撞检测 103

  4.4 再谈 Unity 中的碰撞体和刚体 107

  4.5 总结 108

CHAPTER 05
非玩家控制角色的设计二：服务型 NPC 109

  5.1 服务型 NPC（Mentor）的行为分析 110

   5.1.1 游戏中对话的实现 110

   5.1.2 Mentor 的行为 111

  5.2 服务型 NPC（Mentor）的 PlayMaker 实现 113

	5.2.1	角色与游戏视角切换 113
	5.2.2	对话框的构建 116
	5.2.3	总体行为管理模块的实现（Main FSM）......................... 120
	5.2.4	"对话"行为的实现（Talk FSM）................................ 124

5.3 预制件 131

5.4 总结 133

CHAPTER 06
游戏环境的设计 134

6.1 地形设计 135
    6.1.1 创建地形 135
    6.1.2 地形的纹理 139
    6.1.3 植树与 LOD 技术 142
    6.1.4 种草 148
    6.1.5 水面 149

6.2 天空盒 152

6.3 关卡设计与实现 154
    6.3.1 存档点 154
    6.3.2 Hero 的死亡与复活 159

6.4 声音设计与实现 166

6.5 总结 172

CHAPTER 07
游戏的图形用户界面设计 173

7.1 游戏中的图形用户界面 174

7.2 HUD 的设计与实现 176
    7.2.1 血条 176
    7.2.2 小地图 193

7.3 游戏主菜单（Main Menu）的设计与实现 202
    7.3.1 主菜单的搭建 202
    7.3.2 PLAY 按钮的功能实现 208
    7.3.3 OPTION 按钮的功能实现 210
    7.3.4 QUIT 按钮的功能实现 216

7.4 游戏的发布 217

7.5 总结 220

游戏设计概论

CHAPTER 01

1.1 游戏设计与开发

游戏是连接幻想与现实的通道。游戏产业作为一个新的经济增长点，已经成为新文化创意产业中最有活力的一部分。《2017年中国游戏行业发展报告》显示，中国游戏市场2017年的实际销售收入达到了20136.1亿元，同比增长23.0%，是同期电影票房的四倍。这给广大的游戏设计师和游戏开发者带来了前所未有的机遇。

1.1.1 游戏与电子游戏

所谓游戏，其实是一个很宽泛的概念。无论发生在真实环境中，还是虚拟环境里，所有由参与者按照规则行动，去实现至少一个既定目标任务的娱乐性活动，都可以被称为游戏。一个完整的游戏，在理论上应该包含四种必备的组成要素：游戏目标、游戏规则、可玩性以及假想性。

① **游戏目标**：也就是游戏中预设要完成的任务。这种任务既可以是以竞争为目的的，也可以是以创造为目的的。比如足球，就是一种现实生活中的大型竞争游戏。它把参与人员分成两队，以争取比对方进更多的球为游戏目标。再比如《模拟城市》这样的电子游戏（见图1.1），它的游戏目标就不是竞争，而是建立并管理城市，不让其毁掉。只要城市不毁，游戏就会无限发展下去。

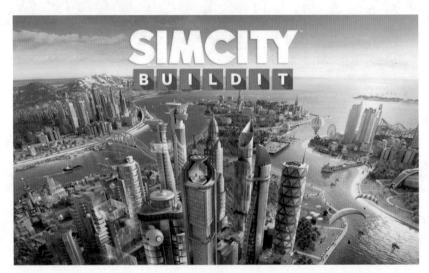

图1.1 《模拟城市》——以创造为游戏目标

② **游戏规则**：指导和要求我们如何去玩游戏的这些内容，就是游戏规则。对于玩游戏的人来说，有些游戏的规则是清晰的、成文的，而有些游戏，在玩之前其游戏规则是隐藏而不明确的。比如很多电子游戏，在开始时玩家并不确切地知道规则是什么，而是随着游戏的进行，根据游戏给出的反馈才逐步了解游戏的规则到底是什么。

③ **可玩性**：没有可玩性，就谈不上游戏。本质上，游戏的可玩性是由游戏中的各种挑战和动作来体现的。一个可玩性高的游戏，往往既设置有令人感兴趣的挑战，又配备有可以克服这些挑战的动作。在让玩家

选择不同的动作方案去尝试挑战的过程中,让玩家体验到紧张、成功等复杂的感觉。

④ **假想性**:游戏往往会创造一个假想世界。而且事实上,游戏能让玩家产生想象这一特点,正是游戏能吸引玩家的重要原因之一。有时玩家需要想象自己身处一个虚幻的世界中,或者把自己想象成游戏中的某一个角色。这种代入感越强,就能给玩家越好的游戏体验。

作为游戏中的一个子集,电子游戏是指那些通过计算机运行的游戏。从钥匙扣上的电子宠物,到游乐场中的大型电玩游戏,都属于电子游戏的范畴。通过计算机屏幕和扬声器,电子游戏能将游戏中的假想世界更直观逼真地展现给玩家,带来更强烈的感官刺激。现代的电子游戏充满了传统游戏所不具备的图片、动画、光影、声音和对话。近年来,更是出现了增强现实(Augmented Reality,AR)以及虚拟现实(Virtual Reality,VR)类型的电子游戏,将现实世界与假想世界进一步融合,或者直接混淆这两者的边界,让玩家得到更身临其境的奇幻体验。

1.1.2 电子游戏的分类

对于现代的电子游戏来说,经常在同一个游戏中兼具多种特征,所以很难明确地把一个电子游戏划分到某一类中。从内容来看,现代的电子游戏主要有以下几种:

① **射击游戏**:典型的就是Microsoft开发的《Halo》系列(见图1.2)、Valve开发的《Counter-Strike》系列。这类游戏基本采用第一人称或者第三人称视角。玩家使用某种形式的武器,在一定距离以外对游戏中的敌人发起进攻。这类游戏考验的是玩家的反应速度和精确度。

图 1.2 射击游戏《Halo》

② **格斗游戏**:这类游戏中较少涉及探索、射击或者解密,而是集中在模拟近身格斗上。这种游戏一般有竞技场模式(也就是玩家之间单对单的比赛)以及混战模式(一到两个玩家合作去挑战一大群敌人),考验的主要是玩家的反应速度和时机,典型的是日本SNK开发的《KOF》,如图1.3所示。

图 1.3 格斗游戏《KOF》

③ 策略游戏：在这类游戏中，需要玩家依据在游戏中收集到的各种信息，制定出游戏计划，与一个或多个敌人进行对抗。将策略游戏分成回合制和实时制两种。策略游戏经常把减少敌人数量作为游戏的主要目标，所以大部分的策略游戏都或多或少会有一些战争的影子。这类游戏主要考验玩家处理信息、制定计划的能力，典型的是 Blizzard Entertainment 开发的《World of Warcraft》系列，如图 1.4 所示。

图 1.4 策略游戏《World of Warcraft》

④ RPG 游戏：也就是角色扮演类游戏。在这类游戏中，玩家负责扮演主角，在某个假想世界中活动。通过培养自身拥有游戏中的某种技能，让玩家获得从一个普通人到一个超级英雄的成长体验。大多数的 RPG 游戏综合了战术、后勤和探索的挑战，典型的是 Ubisoft Entertainment 开发的《Assassin's Creed》系列，如图 1.5 所示。

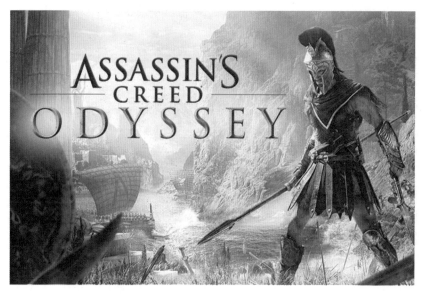

图 1.5　RPG 游戏《Assassin's Creed》

⑤ **体育游戏**：与其他游戏不同的是，体育游戏中的世界是玩家本来就熟悉的。很多体育游戏致力于模拟真正的运动项目，并需要在游戏中管理一个团队或者某一个运动员的运动生涯。这类游戏重点考验玩家对现实世界中某项体育运动规则的熟悉程度、反应力以及规划能力，典型的是 Konami 开发的《Pro Evolution Soccer》系列，如图 1.6 所示。

图 1.6　体育游戏《Pro Evolution Soccer》

⑥ **驾驶游戏**：这类游戏模拟了现实世界中的某种交通工具，旨在提供一种不会让玩家人身受到伤害，但又能体会到各种极限驾驶的逼真体验。所以这类游戏会尽可能让玩家在视觉上跟真正操控一个交通工具相同，典型的是 Microsoft 开发的《Forza Motorsport》系列，如图 1.7 所示。这类游戏考验的主要是玩家的反应速度和驾驶感。

图 1.7 驾驶游戏《Forza Motorsport》

⑦ 解谜游戏：这类游戏一般体量都比其他类型的游戏要小。在这类游戏中，经常随着游戏的推进会出现难度递增的谜题。谜题的类型包括模式识别、逻辑推理、理解过程、寻找物品等。在游戏中通常还会加入时间压力。典型的是 Zeptolab 开发的《Cut the Rope》系列，如图 1.8 所示。

图 1.8 解谜游戏《Cut the Rope》

1.1.3 游戏设计与开发的过程

游戏设计与开发，是一个典型的需要艺术与技术互相结合的工作。对于电子游戏来说，它必须给人视觉上的愉悦，同时还要用各种技术手段把精心设计的游戏元素呈现出来并流畅地运行。所以将两者割裂，单独强调游戏中的艺术，或者技术，是不完整的。

对于游戏的设计来说，我们也可以借鉴产品设计中的理念，以玩家为中心来进行游戏设计（Player-centric Game Design）。设计者把自己想象成玩家，揣摩玩家的心理和喜好，理解玩家想从游戏中获得的到底是娱乐、教育、研究，或者其他什么体验，考虑玩家对游戏中的美感、用户界面、可玩性等方面会有什么样的反应，找到现有同类游戏中的痛点，有针对性地进行游戏设计。

对于游戏开发来说，一般都会经过三个阶段，如图 1.9 所示。

① **概念设计阶段**：在这个阶段，首先需要进行市场调研，确定目标玩家是哪些人。然后要有一个游戏创意，也就是打算如何通过游戏来吸引目标玩家的想法。将这个游戏创意演变成一个具体的故事情节之后，就需要设计一个游戏模式，包括视角、交互方式、挑战方式、单机或联网、表现风格等。然后设计一个或多个角色，包括他们的形象、性格、技能等。并对游戏中的假想世界、关卡、进度和任务进行创意。

概念设计阶段做出的决定，一般在游戏开发的整个过程中都会产生影响。所以该阶段的设计，要特别谨慎。因为一旦出现问题，往往会导致后续开发阶段中的所有结果都要改动，影响面很大。

② **详细设计阶段**：在这个环节中，开发工作将由理论演变为实际。其重点是先做出游戏原型，然后进行原型测试，不断迭代。在艺术部分，需要依照前期策划的视觉风格，将人物原画、建模、材质贴图、人物动作、场景动画、音效等制作出来。而在技术部分，用程序把所有这些素材组合起来，实现策划阶段提出的各种需求，包括搭建游戏主程序、客户端、服务器端、数据库等，并在整个游戏制作完毕之后，进行多轮测试。所以，这个阶段的工作是多次重复、迭代进行的。

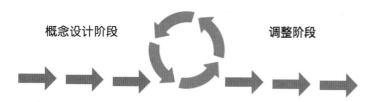

图 1.9　游戏设计与开发中的三个阶段

③ **调整阶段**：这个阶段的工作主要是微调游戏的平衡性，也就是让游戏既不能太简单，也不能太难，而且还应该让所有玩家都觉得公平，移除所有可能无意识产生的统治性策略或者困难度突变。目的就是在游戏交付的截止日期之前，将游戏调整至最佳状态。

另外，在游戏的设计与开发过程中还有一个不可忽视的内容，就是运营。游戏的运营通常都是贯穿游戏开发整个过程的，它主要通过一系列的营销手段让市场认可游戏，提高游戏安装数量和在线玩家数量，刺激消费，增加利润，并收集市场反馈，指导游戏的版本迭代。

1.2　Unity 游戏引擎

1.2.1　游戏引擎

在游戏引擎还没有出现的年代里，电子游戏基本都是横版的 2D 游戏。这些目前看起来很简单粗糙的游戏，当时的开发周期平均达到 8 个月左右。一方面是因为受当时技术与设备的限制，而另一方面却是因为每次开发游戏都需要重新编写代码。每款游戏中涉及底层技术的代码，其实有很多是重复的。所以如果每次开发都重新编写，就会造成开发中大量的重复性劳动。因此后来的开发人员就尝试将一些经常要用到的代码编写到一起，形成一个框架。每次需要开发新游戏时，就在这些现成的框架基础上进行修改和添加，从而节约大量的时间和成本，提高了游戏开发的效率。而这些框架，就是现代游戏引擎的雏形。

因此，所谓游戏引擎，其实就是一种特殊的软件，用来给游戏开发者提供各种开发工具，以便让他们能集中精力于游戏的逻辑和设计上，可以更容易、更快速地制作出游戏，而无须花太多时间关注底层技术。一般来说，一个游戏引擎内部都会包含多个功能模块，常见的有 2D/3D 图像渲染、物理系统、动画系统、音效处理、资源管理、输入/输出系统、网络互联等。

① **2D/3D 图像渲染**：主要负责把游戏中的模型、动画、光影、特效等各种视觉效果实时计算出来，并显示在屏幕上。渲染一直都是游戏引擎中最重要的功能之一，其性能直接影响游戏最后的输出质量和运行速度。

② **物理系统**：其实就是一套力学规则，包括物体之间发生碰撞时的力学模拟、物体与自然环境之间的力学模拟、角色骨骼运动的力学模拟等，目的是让游戏中物体的运动可以更加符合现实中的规律，比如碰撞、重力、摩擦力、飞行轨迹的计算等。

③ **动画系统**：包含骨骼动画和模型动画两部分内容。通过动画系统，可以让游戏中的角色拥有更丰富的动作表现。

④ **音效处理**：负责游戏中各种声音的播放，以及不同的播放效果，比如混响、立体、声音的障碍等。

⑤ **资源管理**：负责载入和管理游戏所需的各种资源，包括离线资源管理和运行资源管理。

⑥ **输入/输出系统**：主要负责处理玩家与游戏之间的交互，包括来自键盘、鼠标、触屏、摇杆、陀螺仪、手柄等各种设备的信号。

⑦ **网络互联**：主要处理网络发包和延迟、异步通信、同步通信、服务器端软件配置管理、服务器程序的最优化等。

经过多年的竞争和发展，目前主流的游戏开发引擎包括 Unreal Engine、Godot Engine、Cry Engine、Hero Engine、Unity、AppGameKit 等，如图 1.10 所示。其中 Unity 因其学习门槛低、易使用、兼容几乎所有的游戏平台、具有强大的开发者社区，以及最具竞争力的授权条款等优势，近年来在游戏开发领域占据越来越重要的地位。截至 2018 年 5 月的统计数据表明，在移动端游戏领域，全球 50% 的移动游戏是采用 Unity 开发的。这些游戏下载量达到了 240 亿次，运行在 60 亿台独立设备上。在 VR 开发方面，69% 的 Oculus Rift 平台内容、74% 的 HTC Vive 平台内容、87% 的 Gear 平台内容，以及 91% 的 HoloLens 平台内容都是采用 Unity 开发的。

图 1.10　当前主流的游戏开发引擎

1.2.2　Unity 简介

Unity，又称 Unity3D，是 Unity Technologies 开发的一款跨平台的专业游戏引擎。围绕这个引擎，还有一个完整的游戏开发生态链，用户可以通过 Unity 引擎来轻松实现各种游戏创意和三维互动开发，创作出各种 2D 和 3D 的游戏内容，一键部署到各种游戏平台上，并在 Asset Store（Unity 官方资源商店 https://assetstore.unity.com/）上分享和下载各种游戏资源，在官方社区（https://unity3d.com/cn/community）与其他开发者进行知识分享和问答交流，从而提高自身的开发效率。

Unity 的主要特性包括以下几个。

① 可扩展一体化编辑器：Unity 具有一个强大的图形操作编辑器 Unity Editor，可以让用户在开发周期中进行快速的编辑和迭代。这个编辑器的界面非常友好，如图 1.11 所示，无论对于习惯使用 3D Max、Photoshop 等软件的设计师，还是习惯使用 Visual Studio、Eclipse 等软件的程序员来讲，都是非常容易理解，而且能快速上手的。Unity Editor 具有所见即所得的编辑功能，能在其中调整场景的地形、灯光、动画、模型、材质、音频、物理等参数。甚至用户自定义脚本中的参数也可以在 Unity Editor 中调整。而且所有这些参数调整的结果，都可以通过这个编辑器中提供的动态预览功能，实时观察。另外，如果用户对 Unity Editor 有更个性化的要求，还可以自己编写编辑器脚本，或者使用第三方插件来创建属于自己的编辑界面和功能。

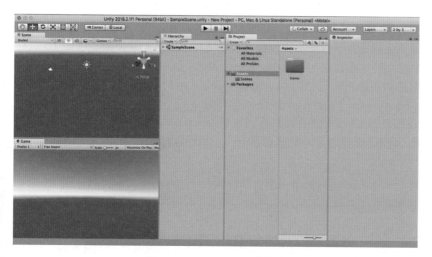

图 1.11　Unity Editor 的界面

② **多平台的导出功能**：用户可以在 Windows 和 Mac OS X 平台上使用 Unity 开发游戏，因为 Unity 使用底层 Mono 技术，所以用 Unity 开发的游戏不用修改任何代码就能一键发布到几乎所有主流的游戏平台上去，包括各种移动端（iOS、Android、Windows Phone 等）、PC 端（Windows、Linux、Mac OS X 等）、游戏机专用平台（Wii、Xbox360、PS4 等），以及 Web 等，如图 1.12 所示。这使得用户只要集中于设计和开发游戏本身即可，而无须过多考虑各平台事件的差异。

图 1.12　Unity 支持发布的平台

③ **强大的图形引擎**：Unity 的最新图形引擎与多种平台上的底层图像 API 都有紧密联系，可以快速访问各种原生图像 API，包括图 1.13 中的 Vulkan、iOS METAL、DirectX12、NVIDIA VRWORKS 以及 AMD LiquidVR。这使得 Unity 能充分利用各种平台上 GPU 等硬件更新带来的好处。另外，还配备了新一代可编程渲染管线（SRP），让用户可以根据目标平台定制渲染流程，为特定硬件设备优化性能。

图 1.13　Unity 可以快速访问的原生图像 API

④ **便捷的资源导入**：只要将资源拖入 Unity，就能自动导入。而且如果资源发生了改动，也能跟着自动更新。其支持从大部分主流 3D 软件中导入模型和动画，包括 3ds Max、Maya、Cinema 4D、Cheetah3D 等，支持的图像格式包括 .psd、.jpg、.png、.gif、.bmp、.tga、.tiff、.iff、.pict 和 .dds，支持的音频格式包括 .mp3、.ogg、.aiff、.wav、.mod、.it 以及 .sm3，支持的视频格式包括 .mov、.avi、.asf、.mpg、.mpeg 以及 .mp4，支持的文本格式包括 .txt、.htm、.html、.xml 以及 .bytes。

⑤ **强大的物理引擎**：在 Unity 的最新物理引擎中，包含全面的效果器、关节和碰撞机的 Box2D，并内置有 NVIDIA 的 PhysX3.3，能实现高度逼真和高性能的游戏体验。

除这些以外，Unity 在实时行为分析、对 VR/AR/MR 的支持、变现盈利模式等方面都具有自己的特点。详细情况可以查阅 Unity 的官网 https://unity3d.com/cn/unity。

1.2.3 用 Unity 开发的游戏

因为 Unity 的诸多优点，近年来在游戏开发领域，Unity 的使用率在不断提高，也出现了一大批使用 Unity 制作的优秀作品。

① 纪念碑谷（Monument Valley）：如图 1.14 所示，这是 USTWO 公司研发的系列解谜类手机游戏，于 2014 年正式发行，目前为止已有 I 和 II 两个版本。在《纪念碑谷 I》中，玩家在视错觉的干扰下，通过探索隐藏的小路、击败神秘的乌鸦人来帮助主角艾达公主走出纪念碑迷阵。《纪念碑谷 II》则通过一段穿梭于神奇建筑之间的冒险之旅，传递给玩家一个关于母亲与女儿之间陪伴、成长与重逢的故事。这个系列的游戏用风格奇幻、设计精巧的画面，打破了人们对手机游戏毫无艺术性的固有印象。《纪念碑谷 I》被苹果公司评为当年最佳 iPad 游戏，并获得了 2014 年度苹果设计大奖。《纪念碑谷 II》则被 TGA 评为 2017 年度最佳移动平台游戏。

除了视觉，这款游戏也非常重视玩家的操作体验。整个游戏的设计安静而内敛，节奏缓慢，舍弃了传统游戏中嘈杂的配乐，而采用了禅乐。没有独立于游戏画面的操作界面，使玩家始终保持与游戏画面的接触，保证了沉浸感。

图 1.14　用 Unity 开发的游戏《纪念碑谷》

② 无尽空间（Endless Space）：这是 Amplitude Studios 制作并发行的系列回合制策略游戏，分别在 2013 年和 2017 年推出了《Endless Space》和《Endless Space 2》，如图 1.15 所示。整个系列都以星际殖民为主题，贯穿了"探索、扩张、采集、歼灭"的精髓。玩家可以在众多外太空文明和物种之中，选择扮演某个星际文明的领袖，带领自己的部族对其他星系进行探索。前后两部作品都具有电影级的 CG 动画、精美的太空场景以及生动的角色。舰队战斗时的多角度镜头切换和慢速回放，也让玩家拥有观看科幻电影的体验。《Endless Space》获得了 2013 年 Unity 全球游戏大赛（Unity Awards）的金立方奖和玩家选择奖共两项大奖。而续作《Endless Space 2》则获得了 2017 年 Unity Awards 的最佳 3D 视觉奖。

图 1.15　用 Unity 开发的游戏《Endless Space》

③ **SUPERHOT VR：**这是一款由独立团队 **SUPERHOT Team** 开发的第一人称射击 VR 游戏，如图 1.16 所示。游戏用极简的画面风格和"减速子弹时间"这个特殊概念，让玩家能完全沉浸在紧张刺激、且富有临场感的 VR 枪战中。这款游戏在 2017 年度 Unity 全球游戏大赛中获得最佳 VR 游戏奖。

图 1.16　用 Unity 开发的游戏《SUPERHOT VR》

④ **Night in the Woods：**这是一款 Infinite Fall 开发的 2D 动作类冒险游戏，荣获了 2017 年度 Unity 金立方奖以及最佳 2D 视觉两个奖项，如图 1.17 所示。在游戏中，玩家将扮演从大学辍学的小猫 Mae Borowski，在自己生活的动物小镇中开始了一场荒诞离奇的冒险。游戏虽然具有儿童插画的手绘风格，但是主题却是偏黑暗和严肃的。让玩家通过游戏剧情的推进，了解到亲情、友情以及生命的意义。

图 1.17 用 Unity 开发的游戏《Night in the Woods》

1.3 PlayMaker 可视化编程插件

前面说过,电子游戏的设计与开发,是个既需要艺术,又需要技术的复杂工作。过去,游戏开发领域基本都是以程序员为主导的,而负责游戏中各种艺术设计工作的模型设计师、UI 设计师、动画设计师等基本都处于辅助地位。随着《纪念碑谷》这类游戏的出现,艺术在游戏设计与开发中的作用得到了显著提高,而且很多艺术背景的设计师也开始转做独立游戏开发。借助于 Unity 这类引擎,游戏开发的难度已经大大降低。但是阻碍艺术背景的设计师独立开发游戏的,仍旧是如何用程序把设计好的各种游戏素材组装起来。Unity 中的代码基本都是以 C# 来完成的,要想在短时间内掌握这门编程语言,并且流畅地编写游戏脚本并不是一件简单的事情。而且对于程序员来讲,在开发中也经常会遇到快速制作出游戏原型或者快速实现某种游戏功能的需求。为了让更多人能参与到游戏开发中,更方便快捷地开发电子游戏,出现了一些可视化编程工具。而 PlayMaker 无疑是其中最受欢迎的一款。

1.3.1 PlayMaker 简介

PlayMaker 是由第三方软件开发商 Hutong Games 开发的一款专门用于 Unity 平台的可视化编程插件。它提供了一套可视化的解决方案,让用户可以无须编写脚本代码,就能控制 Unity 中的游戏对象,实现交互逻辑。无论是设计师还是程序员,都可以使用 PlayMaker 快速完成游戏原型的制作,把头脑中不清晰的游戏概念实体化出来。PlayMaker 既适合独立游戏设计师,也适合团队使用。

PlayMaker 的使用逻辑其实非常清晰:游戏中的物体如果要进行某种行为,不管这个行为有多复杂,一般而言它都可以细分成一个由多个步骤组成的序列。比如刷牙这个行为,就可以分为找到牙膏、挤牙膏、刷牙、漱口、把牙刷放回原处等步骤。如果把行为中的每一个步骤都称为一个状态(State),那么整个行为就可以通过把多个状态相互连接来表示。这些状态之间的连接,也就是从一个状态跳转至另一个状态的转换事件(Transition)。而这种把多个状态连接到一起、共同表现游戏

虽然 PlayMaker 的标志是一个中文"玩"字,但其实 Hutong Games 并不是一个中国公司。

对象的某种行为的方式,就被称为有限状态机(Finite State Machine,FSM),如图1.18所示。所以FSM描述的就是这种行为到底应该按照什么步骤来执行。进一步,对于每一个步骤来说,又可以继续向下细分为一系列的动作(Action)。这种由Action-State-Transition-FSM构成的描述逻辑,正是PlayMaker替代程序、控制Unity中游戏对象的基础。

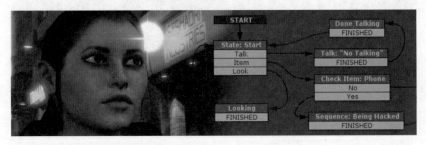

图1.18　PlayMaker用FSM来控制游戏对象

使用PlayMaker进行游戏开发的优点非常明显,那就是速度快。这里的快,分别体现在两个层面上。

① 学习速度快。与学习如何用C#编写Unity中的脚本代码相比,PlayMaker更容易在短时间内掌握,上手迅速。

② 开发速度快。借助于PlayMaker中内置的众多Action,在游戏开发时用C#代码可能需要很多行才能完成的一个功能,PlayMaker通常只需要简单的几步就能完成。

正是基于这些优点,无论对于想做独立游戏开发的设计师,还是想快速做出产品原型的程序员来讲,PlayMaker都是最好的选择。

1.3.2　PlayMaker参与开发的游戏

① 炉石传说(Heartstone: Heros of Warcraft):这是一款由暴雪娱乐开发的集换式卡牌游戏,如图1.19所示。以暴雪的魔兽系列为游戏背景,玩家要做的就是根据自己现有的卡牌组建合适的卡组,指挥英雄、驱动随从、施展法术,与其他玩家一决高下。这款游戏获得2014年Unity Awards的金立方奖和最具可玩性奖共两项大奖。

图1.19　PlayMaker参与开发的游戏《炉石传说》

在这款游戏中,开发团队用程序负责后台的复杂技能逻辑运算、游戏的稳定性、数据库的更新和维护等操作,而游戏中的脚本事件则是使用PlayMaker来实现的。除了直接使用PlayMaker中的资源,开发团队还根据《炉石传说》的属性另行开发了包括卡牌、魔法、金钱等在内的众多专有 Action，集合成一个名为"Pegasus"的 PlayMaker Action 包。这些专有 Action，再加上 PlayMaker 自带的 Action，就控制了《炉石传说》中涉及玩家的所有事物和行为。

② INSIDE：这是由丹麦的独立游戏开发团队 Playdead Studios 开发的一款横版动作冒险类游戏，如图 1.20 所示。整个游戏讲述了一个关于控制与逃跑的故事，没有传达某种明确的价值观，而是以开放式的结局引发玩家的思考。游戏采用昏暗冷峻的风格，以黑白两色为主，场景和音乐都能烘托出诡异阴森的氛围。游戏设定的操作比较简单，只有左右移动、跳跃等几个动作。如果玩家想推进剧情的发展，则需要不断解开游戏中暗藏的谜题。这些谜题虽然数量多，但都设计巧妙，各不相同。PlayMaker 在这款游戏的开发过程中也起到了不可忽视的作用。这款游戏凭借精致的画风和设计，获得了 2016 年度 TGA 的最佳独立游戏奖和最佳艺术指导奖，以及 2016 年的 Unity Awards 金立方奖。

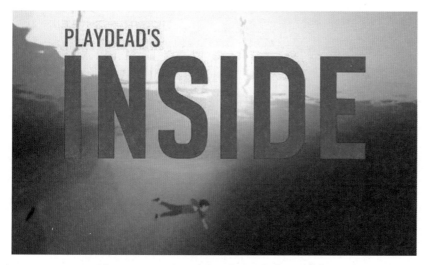

图 1.20　PlayMaker 参与开发的游戏《INSIDE》

③ The First Tree：这款游戏的知名度不如《炉石传说》和《INSIDE》那么大，是由设计师 David Wehle 等人制作的一款第三人称探险游戏，如图 1.21 所示，于 2017 年 9 月推向市场。游戏剧情简短，配乐华丽，以一只狐狸作为游戏的主角。玩家控制主角进行一段时长一个半小时的旅行，探寻生命的本源。这款游戏集中展现了 PlayMaker 是如何帮助一个设计师进行独立游戏开发的。

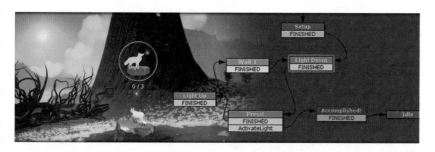

图 1.21　PlayMaker 参与开发的游戏《The First Tree》

1.4 总结

本章主要介绍了游戏设计与开发中的相关内容，为后续章节使用 Unity 和 PlayMaker 进行游戏开发做准备。具体内容包括游戏与电子游戏的概念，电子游戏的分类，游戏设计与开发的一般过程，游戏引擎的概念、Unity 简介、PlayMaker 介绍、使用 Unity 和 PlayMaker 开发的游戏简介。

2.1 Unity 的获取与使用

Unity 可以安装在 Windows 和 MacOS 平台上，用户可以根据自己的喜好进行选择。本章以 MacOS 为例，介绍 Unity 的安装及软件界面，所用的版本号为 Unity2018.2.1。

2.1.1 Unity 的安装

在 Unity 的官方网站 https://store.unity.com/cn 中可以下载 Unity 的各个版本（见图 2.1）。其中 Unity Personal 个人版可以免费下载，适用于初学者和个人爱好者，包含了游戏引擎的所有核心功能。与其他付费版本一样，个人版可以将产品发布到所有支持的平台上，并可以持续更新，只是使用个人版开发并发布的产品在开始页面会显示 Unity Logo。当上一年的游戏营收或资本额超过 10 万美金时，就必须付费使用 Plus 加强版或者 Pro 专业版。

图 2.1　Unity 官方下载页面

如果直接单击图 2.1 所示下载页面中的订阅按钮，安装的将是官方最新版的 Unity。如果要安装历史版本，可以在这个页面底部的"资源"栏中找到下载地址，如图 2.2 所示。

图 2.2　下载 Unity 旧版本

下载之后直接运行，即可打开 Unity Download Assistant 安装助手，需要连接互联网才能继续安装，如图 2.3 所示。单击 Continue 按钮进入图 2.4 中的 License 协议许可窗口。继续单击 Continue 按钮，进入 Components 组件选择窗口。默认情况下将如图 2.5 所示，自动勾选前三个核心组件。如果想今后将开发的产品发布到 Android、iOS、tvOS 等平台上，则需要勾选对应的 Build Support。在接下来的 Component License 窗口（见图 2.6）中单击 Continue 按钮，进入图 2.7 中的安装位置选择窗口。选择合适的位置之后就开始正式下载并安装 Unity，如图 2.8 所示。如果出现如图 2.9 所示窗口，即表示安装成功。

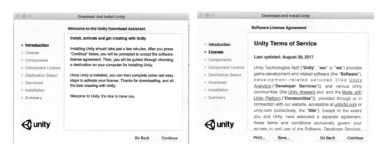

图 2.3　Unity Download Assistant 安装助手　　　图 2.4　协议许可

图 2.5　组件选择　　　图 2.6　Component License 窗口

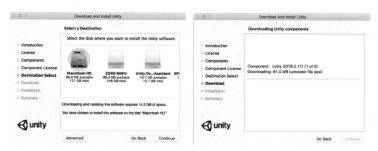

图 2.7　安装位置选择窗口　　　图 2.8　下载及安装

图 2.9　安装成功

2.1.2 Unity 的界面

打开安装好的 Unity，会出现如图 2.10 所示的开始界面。如果想打开一个现有的项目进行编辑，则可以单击图中红框所示的 Open 按钮。如果想新建一个项目，则可以单击红框中的 New 按钮，或者直接单击界面正中间的蓝色 New Project 按钮，即可进入图 2.11 所示的新建项目窗口。

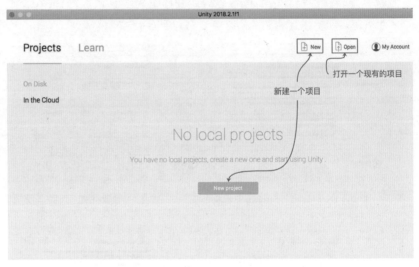

图 2.10 Unity 开始界面

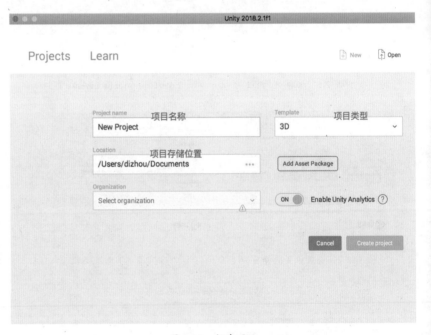

图 2.11 新建项目

本节首先创建一个名为 New Project 的 3D 项目。在确定好项目的存储位置之后，单击蓝色的 Create project 按钮，这个新项目就会在 Unity 编辑器中打开。如图 2.12 所示，Unity 的编辑器包含多个互不重叠的面板，这些面板的布局可以通过调整工具栏中最右侧的按钮进行选择。

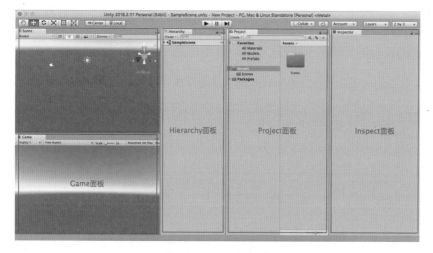

编辑器布局工具：Unity 提供多种面板布局方式。图 2.12 中的是"2 by 3"。

图 2.12 Unity 编辑器

值得注意的是，每当创建一个新项目（Project）时，Unity 就会自动给这个项目生成一个场景（Scene），并在编辑器中打开这个场景。但事实上，一个项目是可以包含多个场景的。例如常见的通关游戏中，整个游戏就是一个项目，而每个关卡通常就用一个场景来处理。

一般 Unity 编辑器中包含以下几种面板：

（1）Scene 面板：Unity 编辑器中最主要的一个面板。在这个面板中可以通过鼠标拖拽等方式，摆放各种物体、光源、摄像机等，可视化地搭建或编辑场景。

（2）Game 面板：这个面板中所呈现的是 Scene 面板中的摄像机视野中的景象，也就是游戏真实运行起来之后用户看到的景象。用户不能在这个面板中进行编辑，只能观看。

（3）Hierarchy 面板：这个面板用树形结构列出当前场景中的所有物体。在这个面板中，如果将物体 A 拖至物体 B 之上，相当于把物体 A 设为物体 B 的子物体。对父物体进行的操作都会影响到子物体。因为 Scene 面板中物体经常互相遮挡，所以有时必须在 Hierarchy 面板中才能选中所需要的物体。

Hierarchy 面板与 Project 面板最大的区别在于：

Project 面板中的资源不一定都出现在当前游戏场景中，而 Hierarchy 面板中出现的物体则一定出现在当前场景中。

（4）Project 面板：该面板中列出了所有本项目中导入和创建的资源，包括脚本、材质、音效、贴图、外部导入的网格模型等。如果直接将 Project 面板中的资源拖入 Scene 面板中，就表示将该资源放入了这个游戏场景，那么这个资源也会同时自动被添加到 Hierarchy 面板中。

（5）Inspect 面板：也就是属性面板。每当在 Scene 面板或 Hierarchy 面板中选定一个物体时，Inspect 面板中就会对应出现这个物体的各种属性。可以通过这个面板底部的 Add Component 按钮来增加需要显示的属性。

在这些面板的上方，有一个长条形的工具栏，从左到右分别是变换工具、Gizmo 工具、播放工具、层级工具，以及前面已经讲过的编辑器布局工具。

（1）变换工具：用来控制和操作场景及场景中的物体。

变换工具：

Gizmo 工具：

播放工具：

层级工具：

Unity 中的常用快捷键：

Alt+ 鼠标左键：任意角度观察 Scene。

鼠标滚轮：放大或缩小 Scene。

键盘上的上下左右键：前移、后移、左移、右移 Scene。

当按住鼠标右键对 Scene 进行旋转时可以发现 Game 面板中的立方体并没有发生旋转。这是因为 Game 面板反映的是从摄像机中看到的场景。

在移动模式下，直接拖动立方体上的红、蓝、绿三个箭头，也能实现在空间中的移动。

（2）Gizmo 工具：左侧按钮用来改变物体的轴心，可以切换成 Center 或 Pivot；右侧按钮用来改变物体的坐标，可以切换成 Global 或 Local。

（3）播放工具：从左到右分别是播放游戏、暂停游戏、逐帧播放。

（4）层级工具：可以选择在场景中显示所有物体、不显示任何物体、显示没有任何控制的物体、显示透明物体等。

2.2　Unity 的基本操作

本节通过一个小例子来介绍 Unity 中的各种基本操作。

具体操作如下：

① 如图 2.13 所示，在 Unity 的 Scene 面板中增加一个立方体：菜单栏 GameObject → 3D Object → Cube。

添加完毕后，在 Scene 面板中可以通过按住鼠标右键来全方位观察这个立方体。并且可以前后滑动鼠标中键来放大或者缩小整个场景。

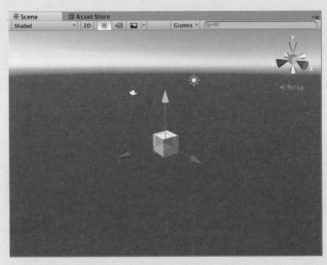

图 2.13　在 Scene 面板中添加物体

② 当 Scene 面板中的这个立方体被选中时，右侧 Inspector 面板里会出现它的各种属性。因为后面我们会将这个立方体变成整个游戏中的陆地，因此首先将该立方体改名为 Ground。给游戏中的物体命名时，最好遵从"见名知意"的原则。

③ Inspector 面板中的 Transform 属性主要反映物体的一些基本位置和形状信息。首先，将 Position 改为 (0, 0, 0)。Position 反映的是物体在空间中的位置。其次，将 Scale 设为 (40, 1, 40)。Scale 反映的是该物体在 X 轴、Y 轴、Z 轴上的缩放比例。此时，图 2.13 中的立方体应该变成了平板状。

④ Mesh Filter 属性主要用来给物体赋予某种网格信息。当物体被赋予不同的网格信息时，该物体在 Scene 面板中渲染呈现出的形状也是不同的。此处默认是 Cube，可以尝试改为 Cylinder 等观看效果。

⑤ Collider 属性，通过它可以给物体添加碰撞体。当一个物体具有碰撞体时，就可以用来检测是否有其他物体撞到它，或者用来防止其他物体从它内部穿过。为了观察得更清楚，可以尝试将 Collider 中的 Size 改为 (2, 10, 2)，如图 2.14 所示，在 Ground 周围会出现一个绿色的长方体。这个长方体就是 Ground 所带的碰撞体。

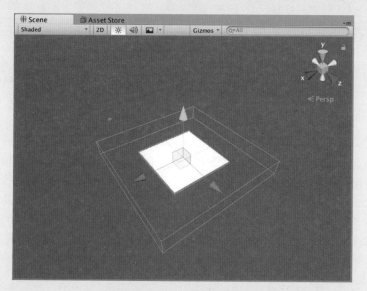

图 2.14　Ground 所带的碰撞体

如果有 Box Collider，说明计算机在不停地检测这个碰撞体的 6 个面是否被撞到。但假设是 Sphere Collider，则这个碰撞体就有 8 个面需要实时检测。面数越多，计算速度越慢，游戏也越容易出现卡顿。下图就是给 Ground 添加一个 Sphere Collider 的效果。

给物体添加碰撞体的用处有很多。当 Collider 中的参数 Is Trigger 被勾选时，表示这个碰撞体可以被穿透。但是一旦有其他物体进入它时，就会触发某些预定事件。例如，在游戏中，如果我们要实时监控是否有人闯进某道门时，就经常在门中放置一个碰撞体，并勾选它的参数 Is Trigger，来实现这个效果。

在本例子中，将 Collider 中的 Size 改回 (1, 1, 1)，即让 Ground 带有一个与自身一样大的碰撞体。

⑥ Mesh Renderer 属性，即网格渲染器。本章中，我们只需要知道如果不勾选该属性，这个物体就会变成不可见。

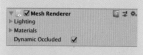

即使这个物体被设为不可见，但是如果它带有碰撞体，这个碰撞体仍旧可以发挥作用。

⑦ 此时整个 Ground 都是白色的，因为 Unity 会自动给每个物体赋一个默认的材质，也就是列在 Ground 的 Inspector 面板最下方的 Default-Material。在游戏中，我们可以创建不同的材质球，用来赋给不同的物体。如图 2.15 所示，在 Project 面板中，通过 Create → Material 创建一个新的材质球。将这个材质球也命名为 Ground，表示它将被赋给 Ground 物体。在这个 Ground 材质的

图 2.15　创建新的材质球

Ground 材质球：

Inspector 面板中，将 Albedo 改成绿色，也就是给这个材质赋予了绿色。如图 2.16 所示，将材质球直接拖到 Scene 面板中的 Ground 上，就能给 Ground 物体赋上材质。

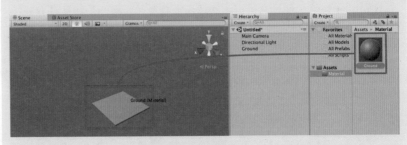

图 2.16　给物体赋材质

⑧ 在 Hierarchy 面板中选中 Main Camera，如图 2.17 所示，在 Scene 中将它调整至合适的位置，使得在 Game 面板中可以看见整个 Ground。

⑨ 在 Hierarchy 面板中选中 Directional Light。每创建一个 Scene 时，Unity 都会默认在这个场景中添加一个方向光源 Directional Light。在 Unity 中，光源也被视为一种物体，因此它也可以移动或者旋转。事实上，除了 Directional Light，Unity 还自带有另外三种光源：Spot、Point 和 Area。可以尝试将光源改为 Spot，如图 2.18 所示。通过调整参数 Range 的值来改变光照的范围，调整参数 Spot Angle 来改变光照的角度，调整参数 Color 来改变光的颜色。

> Unity 中的 Main Camera 也被视为物体，也可以对它进行平移、旋转等操作。

> Spot：聚光灯效果。
> Point：点光源效果。
> Area：面光源，该光源不能用于实时光照，仅适用于光照贴图烘焙。

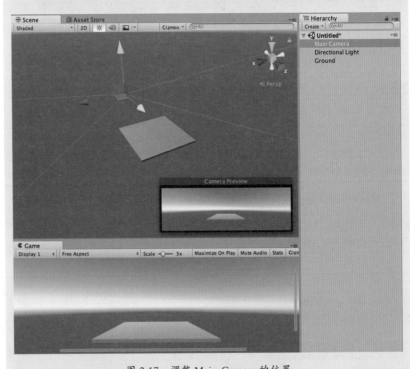

图 2.17　调整 Main Camera 的位置

在本例中，将光源改回 Directional Light。

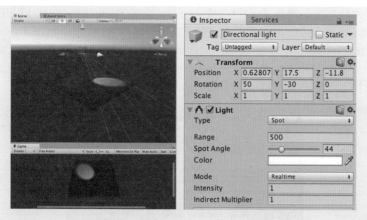

图 2.18　Spot Light 的效果

⑩ 在 Scene 面板中新添加一个 Cube 和一个 Cylinder，重命名为 Wall 和 Pillar，并调整其位置和大小，让它们站在 Ground 上。如图 2.19 所示，另外创建两个新材质球，并赋给这两个新物体。

> 为了精确地"站"在其他物体上，而不是悬浮或者内嵌在其他物体上，调整位置时，建议直接设置 Transform 中参数 Position 的值，而不推荐通过拖拉箭头的方式来完成。

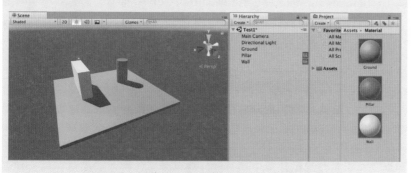

图 2.19　在 Scene 面板中新增加两个物体

⑪ 在 Project 面板的 Assets 下，新建一个名为 Scene 的文件夹，并将整个场景保存在该文件夹中（菜单栏 File → Save Scenes），命名为 Test1。

> 将 Project 栏中的文件分类存放是个好习惯。通过 Project 栏中的 Create → Folder，在 Assets 下创建 Material、Scene 等不同的文件夹，将材质球、音频、模型、脚本等素材分类存放。

2.3　PlayMaker 的获取与导入

　　PlayMaker 是由 Hutong Games 开发的一款可视化脚本工具。通过以下两种方式可以下载获取，如图 2.20 所示：在 Unity Asset Store 中下载，或直接从 http://www.hutonggames.com/store.html 下载。当前最新版本为 PlayMaker1.9.0.p4，本书使用的正是这个版本。

图 2.20　http://www.hutonggames.com/store.html 提供两种方式下载 PlayMaker

PlayMaker 包：

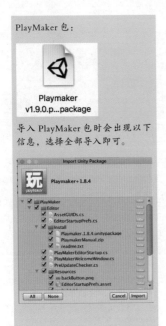

导入 PlayMaker 包时会出现以下信息，选择全部导入即可。

下载后可以发现其实 PlayMaker 是一个名为 unitypackage 的文件。因此，如果在自己设计的游戏中需要使用 PlayMaker 来控制物体，只需把 PlayMaker 的 unitypackage 文件导入游戏的 Project 即可。如图 2.21 所示，选择菜单栏 Assets → Import Package → Custom Package，然后选择下载的 PlayMaker 的 unitypackage 文件。

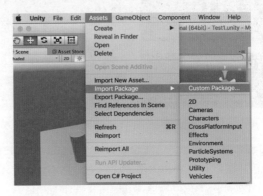

图 2.21　导入 PlayMaker.unitypackage

正确导入之后，会出现图 2.22 中的欢迎界面，单击上面的 Install PlayMaker 按钮进行安装。

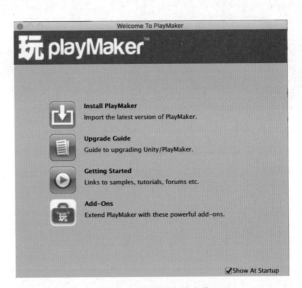

图 2.22　PlayMaker 安装

成功安装之后，在 Project 面板的 Assets 中会多出一些文件夹，并且在 Unity 的菜单栏中会多出一项 PlayMaker，如图 2.23 所示。通过菜单栏中的 PlayMaker → PlayMaker Editor，即可打开图 2.24 中的 PlayMaker 编辑界面。

图 2.23　导入 PlayMaker 之后的 Unity

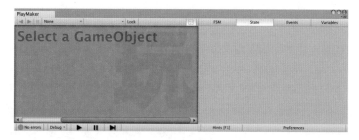

图 2.24　PlayMaker 的编辑界面

2.4　PlayMaker 的基本操作

为了说明 PlayMaker 的基本使用方法，在 2.2 节保存的场景 Test1 中进一步实现以下效果：

（1）每当鼠标移到黄色的 Wall 上时，让 Wall 由黄变蓝；每当鼠标移出 Wall 时，让它重新变回黄色。

（2）每次用鼠标单击 Wall 时，Ground 都会变色，并且将按照黑色→绿色→黑色→绿色→……的次序进行变化。

2.4.1　用 PlayMaker 实现对鼠标移动的响应

首先实现鼠标移进移出使 Wall 变色的效果。这个效果的实现相对简单，只需要先检测鼠标是否移入，在发生移入的动作时把 Wall 的颜色变成蓝色，然后再检测鼠标是否移出，在发生移出的动作时把 Wall 的颜色变回黄色即可。整个流程如图 2.25 所示。

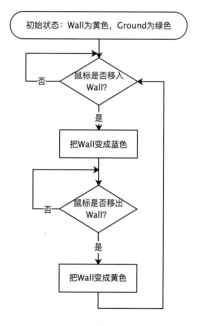

图 2.25　检测鼠标移入移出时的流程图

无论是变量的名字，还是 FSM 或者 State 的名字，都按照"见名知意"的规则命名会比较便于操作。

要选择一个物体对它进行编辑，既可以在 Scene 面板中选，也可以在 Hierarchy 面板中选。

FSM：Finite State Machine，有限状态机。FSM 用来完整地描述一个复杂问题要按什么步骤来执行。所以 FSM 中通常含有多个 State（状态），在每个 State 中都需要完成一些预先设定好的 Action（动作），不同 State 之间会设置有各种跳转的规则，也就是转换事件。

如果给一个物体增加了 FSM 来控制它自己的行为，那么在 Unity 的 Hierarchy 面板中，这个物体的右侧会自动出现一个红色的"玩"符号，如下图所示。

具体操作如下：

① 在 Unity 的 Scene 面板中选中物体 Wall，并在 PlayMaker 编辑窗口中右击选择 Add FSM，即给 Wall 增加一个有限状态机（FSM），如图 2.26 所示，并给这个 FSM 命名为 Change Color When Mouse Enters，如图 2.27 所示。

图 2.26　给物体增加 FSM

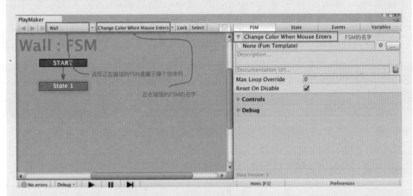

图 2.27　给 FSM 重命名

② 如图 2.28 所示，通过 Event Browser 给该 FSM 增加两个事件：Mouse Enter 和 Mouse Exit，分别用来控制鼠标移进、移出时的响应。

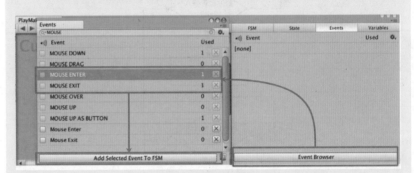

图 2.28　添加 Event

③ 如图 2.29 所示，在 PlayMaker 编辑窗口的空白处右击，选择 Add State，给 FSM 增加一个状态 State 2。按照图 2.30 所示，将 State 1 和 State 2 分别重命名为 Checking 和 Change Color to Blue。

028

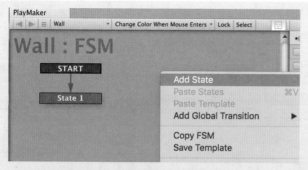

图 2.29　给 FSM 添加 State

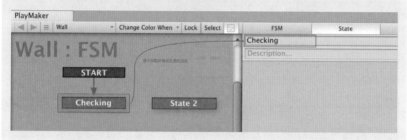

图 2.30　给 State 重命名

④ 选中状态 Checking 并右击，选择 Add Transition → MOUSE ENTER，如图 2.31 所示。即给状态 Checking 添加了一个 MOUSE ENTER 转换事件。单击选中 MOUSE ENTER 转换事件，拖出一个箭头指向状态 Change Color to Blue。这样，当有鼠标划进这个 FSM 的所有者，也就是物体 Wall 时，系统就会知晓，并将当前状态由 Checking 转换至 Change Color to Blue。

同理，给状态 Change Color to Blue 添加一个 MOUSE EXIT 转换事件，并将它指向状态 Checking。完成后 PlayMaker 编辑窗口中的内容应该与图 2.32 相似。

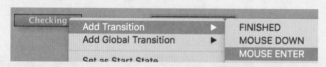

图 2.31　给 State 添加转换事件

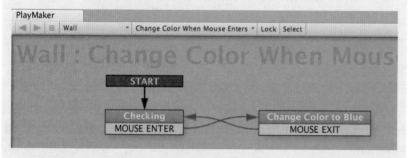

图 2.32　Change Color When Mouse Enters FSM 中的状态转换

⑤ 按图 2.33，选中状态 Change Color to Blue，在右下方单击 Action

参数 Game Object：表明要修改的是谁的材质。默认值为 Use Owner，指的是本 FSM 的所有者，此处指的是物体 Wall。因为我们本来就是要在鼠标移入物体 Wall 时，将 Wall 的颜色由黄色变为蓝色，所以此处 Game Object 的值不需要修改。

Browser，打开动作浏览器，给该状态增加一个动作 *Set Material Color*。将这个动作中的 Color 改成蓝色，其他属性不变。

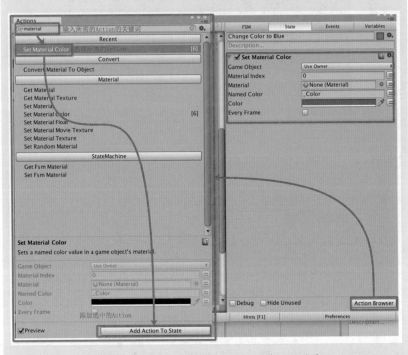

图 2.33　给 Change Color to Blue 状态添加动作

⑥ 在状态 Change Color to Blue 中，如果发生了鼠标移出，也就是 MOUSE EXIT 事件，就会转换到 Checking 状态。所以要在 Checking 状态中将 Wall 的颜色变回黄色。如图 2.34 所示，给 Checking 状态也添加一个 *Set Material Color* 的动作，将其中的 Color 改回物体 Wall 初始时的黄色。

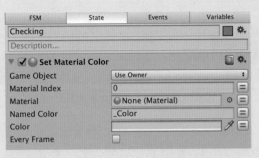

图 2.34　给 Checking 状态添加动作

此处为了准确地把 Color 改回 Wall 原来的黄色，可以先在 Unity 的 Project 面板中的 Assets 中选中之前做的黄色的材质球，在右侧的 Inspector 面板中查到这个黄色的具体 RGB 值，如下图所示，然后再到图 2.33 中的 Color 中，把这个 RGB 值写进去。这样两者的颜色就完全一样了。

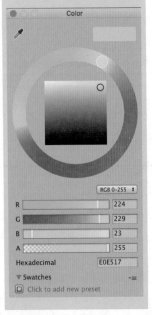

至此，用 PlayMaker 来控制对鼠标移动进行响应就完成了。运行整个项目，即可在 Unity 的 Game 面板中移动鼠标进出物体 Wall 了，观察 Wall 的颜色变化。注意，运行时应该在 Game 面板中移动鼠标进行观察，而不是在 Scene 面板中移动鼠标。因为 Game 面板中呈现的才是最终游戏的效果。如图 2.35 所示，在 Unity 的工具栏中部，或者 PlayMaker 编辑界面的下方，都有运行按钮。

图 2.35　运行项目的按钮

运行项目时可以发现，当鼠标移动到物体 Wall 上时，PlayMaker 编辑界面中的状态 Checking 上有个绿框，表示这个状态正在被执行，如图 2.36 所示。而当鼠标移出 Wall 时，从 MOUSE ENTER 指向 Change Color to Blue 的箭头会有一瞬间变成绿色。紧接着，如图 2.37 所示，状态 Change Color to Blue 上就出现了绿框，表明当前执行状态是 Change Color to Blue。当鼠标再次移到 Wall 上时，执行状态又回到图 2.36 所示状态。

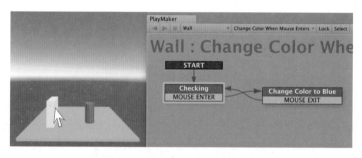

图 2.36　鼠标在 Wall 上时的状态

在调试项目时，可以通过绿框来观察当前执行的状态到底是哪个，帮助检查项目。

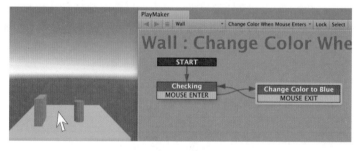

图 2.37　鼠标不在 Wall 上时的状态

2.4.2　用 PlayMaker 实现对鼠标单击的响应

下面在 2.4.1 节做出的场景上继续实现单击 Wall 改变 Ground 颜色的效果。使用两种不同的方法来实现这个效果。

1. 平铺直叙式

分析鼠标单击物体 Wall 的过程可以发现，如果鼠标单击到了 Wall，一定已经发生了鼠标移进 Wall 的情况。所以应该在鼠标移进 Wall，但是还没有移出 Wall 时插入对鼠标单击的响应。因此流程图将由图 2.25 变成图 2.38。

031

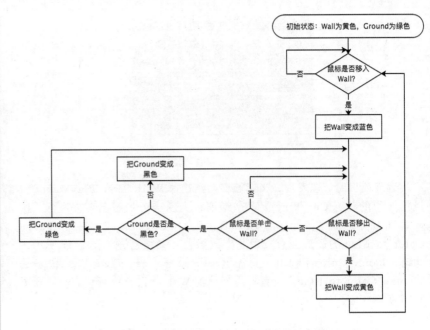

图 2.38　同时响应鼠标移动与单击的流程图

为了实现整个流程，我们将设置一个变量，专门用来保存当前 Ground 的颜色。同时还要设置两个自定义的转换事件。

具体操作如下：

① 给物体 Wall 的 Change Color When Mouse Enter FSM 中，再添加一个系统中自带的转换事件 MOUSE DOWN。添加的方法请参考图 2.28。

② 给这个 FSM 再添加两个用户自定义事件，分别命名为 CHANGE TO GREEN 和 CHANGE TO BLACK。添加用户自定义事件的方法很简单，如图 2.39 所示，只要在 Event Browser 按钮上方的 Add Event 空格中写入自定义事件的名字，然后按回车键即可。

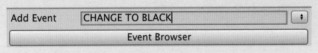

图 2.39　添加用户自定义的 Event

③ 给这个 FSM 再添加一个新的状态，起名为 Set Ground's Color，给它添加一个 FINISHED 转换事件，如图 2.40 所示。

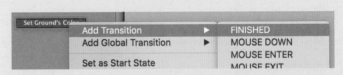

图 2.40　给状态 Set Ground's Color 添加 FINISHED 转换事件

另外，如图 2.41 所示，在这个状态上右击选择 Set as Start State，即让这个状态取代原来的初始状态 Checking，成为整个 FSM 中第一个要执

所谓的 FINISHED 转换事件，也就是当本状态中的所有 Action 全部执行完毕后就自动跳转至下一个状态。

添加完所有转换事件之后，Events 中应该如下图所示：

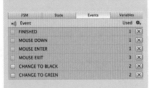

行的状态。同时，把这个状态的 FINISHED 转换到状态 Checking 上。

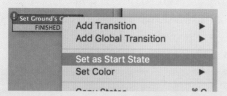

图 2.41 把一个状态设置为起始状态

④ 给这个 FSM 再添加三个新状态，并按照图 2.42 进行状态转换连接。

⑤ 在状态 Set Ground's Color 中，通过 Action Browser 添加动作：*Set Color Value*。并在这个动作的参数 Color Variable 的下拉菜单中选择 New Variable…，即添加一个变量，命名为 GroundColor。添加变量后如图 2.43 所示。

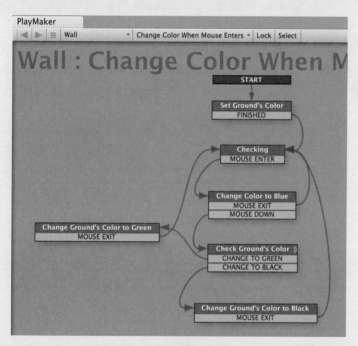

图 2.42 同时响应鼠标移动与单击的 Change Color When Mouse Enters FSM 的状态转换

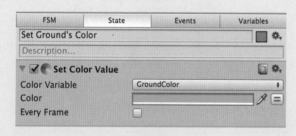

图 2.43 添加变量

添加完变量之后，把动作 *Set Color Value* 的参数 Color 设为物体 Ground 初始时的绿色。

动作 Color Compare 的作用：

检测 Color 1 和 Color 2 是否相同，如果相同，就执行 Equal 后面的转换事件；如果不相同，就执行 Not Equal 后面的转换事件。

⑥ 在状态 Check Ground's Color 中，通过 Action Browser 添加动作 *Color Compare*。将这个动作中的 Color 1 设为变量 GroundColor，Color 2 设为黑色，Equal 后面设为 CHANGE TO GREEN，Not Equal 后面设为 CHANGE TO BLACK，如图 2.44 所示。

图 2.44　动作 Color Compare

⑦ 将状态 Checking 中的动作 *Set Material Color* 复制到状态 Change Ground's Color to Black 中。

如图 2.45 所示，右击 *Set Material Color* 动作右侧的齿轮标志，在下拉菜单中选择 Copy Selected Actions。然后在状态 Change Ground's Color to Black 中的空白处右击，如图 2.46 所示，选择 Paste Actions。

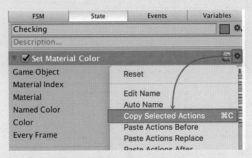

图 2.45　拷贝状态中的动作

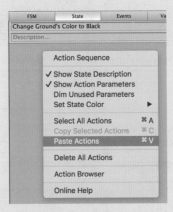

图 2.46　粘贴动作

复制完动作后，将该动作的 Game Object 改为 Specify Game Object，并按照图 2.47 从 Unity 的 Hierarchy 面板中将 Ground 物体拖至该动作的 Game Object 中。同时，将该动作中的 Color 改为黑色。

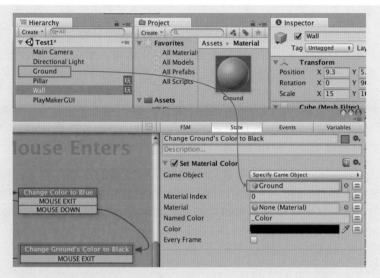

图 2.47 将 Ground 设为 Set Material Color 的 Game Object

⑧ 同样，将状态 Set Ground's Color 中的动作 *Set Color Value* 也复制到状态 Change Ground's Color to Black 中。并将该动作中的 Color 改为黑色。状态 Change Ground's Color to Black 中的全部动作如图 2.48 所示。

图 2.48 状态 Change Ground's Color to Black 中的所有动作

⑨ 将状态 Change Ground's Color to Black 中所有动作都复制到状态 Change Ground's Color to Green 中。将 Color 全部设为绿色。

此时运行整个项目可以发现，Wall 已经能比较好地完成预设目标了。但是仔细观察还存在一个小问题：如果在单击了一次 Wall 之后，没有把鼠标移出 Wall，而是继续单击第二次 Wall，此时 Ground 并不会变色。要修改这个小错误其实非常简单，大家可以尝试自行修改。（提示：只需要给图 2.42 中的状态 Change Ground's Color to Green 和 Change Ground's Color to Black 各增加一个转换事件即可。）

回顾本节的操作可以发现，我们在整个 FSM 中设置了 6 个不同的状态、1 个变量、4 个系统转换事件、2 个用户自定义转换事件，才能同时对鼠标的移动和单击做出响应。整个过程还是比较复杂的。

状态 Change Ground's Color to Green 中的所有动作。

本节的完整场景保存在本书配套资源中的 CH2 项目里，名为 test1.unity。读者可以自行查看。

2. 多 FSM 协同式

在 2.4.2 节中，我们在同一个 FSM 中既完成了对鼠标移动的响应，也完成了对鼠标单击的响应。从图 2.42 可以看出，整个 FSM 包含六个状态，各种状态之间的转换也比较凌乱。事实上，随着游戏的不断完善，经常会发现一个角色或者物体需要完成的动作有很多。在这种情况下，如果把所有的动作都放在一个 FSM 中去实现，FSM 会变得异常复杂，而且容易出错。因此，我们可以给一个角色或者物体设置多个 FSM，每个 FSM 负责完成一种动作，不同的 FSM 之间并行或者协同工作。

本节的完整场景保存在本书配套资源中的 CH2 项目里，名为 test2.unity。

所以在本节中，我们把鼠标移进移出导致 Wall 自身颜色变化和单击鼠标导致 Ground 颜色变化这两种行为分开放到两个 FSM 中去实现。其中，鼠标移进移出导致 Wall 自身颜色变化这个功能仍用 2.4.1 节中的 FSM 完成。而单击鼠标导致 Ground 颜色变化，这个功能则用下述方法新建一个 FSM 来完成。

具体操作如下：

① 给 Wall 添加一个名为 Change Ground's Color 的 FSM。如图 2.49 所示，在下拉菜单中选择 Add FSM to Wall。

图 2.49 给 Wall 增加一个新的 FSM

② 在该 FSM 的 Event 中添加一个 MOUSE DOWN 事件。

③ 共设置 2 个状态：Change Color to Black，Change Color to Green，并按照图 2.50 进行状态转换连接。

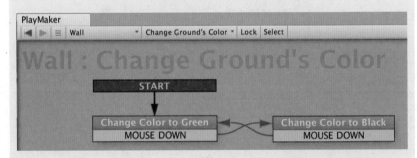

图 2.50 Change Ground's Color FSM 中的状态转换

④ 给状态 Change Color to Green 添加一个动作 *Set Material Color*。将其 Game Object 设为 Ground，Color 设为绿色。操作可参考图 2.47。

⑤ 给 Change Color to Black 状态也添加一个动作 *Set Material Color*。将其 Game Object 设为 Ground，Color 设为黑色。

这样，物体 Wall 一共拥有 2 个 FSM。如图 2.51 所示，在 Unity 的 Inspector 面板中可以看到，这两个 FSM 的前面都打了钩。这表明，一且游戏开始运行,这两个 FSM 会同时开始执行。单击运行按钮后可以看到,这两个 FSM 中均有绿色框,表示它们确实都正在执行,如图 2.52 所示。

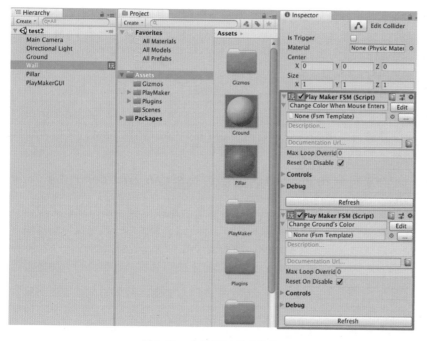

如果不勾选,该 FSM 在游戏开始后就不会被执行。除非它被其他 FSM 调用。

读者可以尝试取消勾选这两个 FSM 中的一个,看看会出现什么效果。

图 2.51 两个 FSM 同时执行

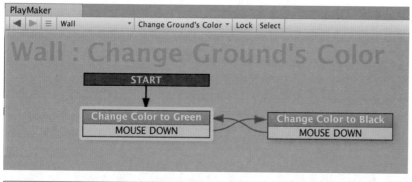

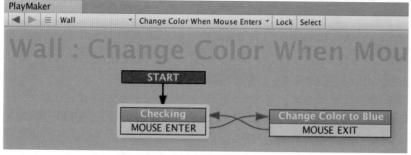

图 2.52 同时执行中的 FSM

采用多个 FSM 不仅可以让每个 FSM 中的动作逻辑更清晰简单、便于阅读,而且不同动作之间相互独立,避免了相互干扰。这样即便后续再对某个动作进行修改,也不会对其他动作造成影响。

2.5 总结

通过 PlayMaker，我们可以在 Unity 中不用写代码就非常便捷地控制物体完成各种复杂行为。如果一个角色或者物体需要完成多个不同类型的行为，那么每一种行为就用一个 FSM，也就是用一个 FSM 来负责描述这种行为的执行步骤。所以一个 FSM 中通常含有多个 State（状态），每个 State 都需要完成一些预先设定好的 Action（动作），不同 State 之间会设置有各种跳转的规则，这些规则被称为 Transition（转换事件）。

本章介绍了 Unity 和 PlayMaker 的安装方法，如何在 Unity 中建立项目并进行基本的操作，如何使用 PlayMaker 创建 FSM，平铺直叙式 FSM，多 FSM 协同式。

本章用到的 PlayMaker 动作包括 *Set Material Color*，*Set Color Value*，*Color Compare*。

玩家控制角色的设计

CHAPTER 03

一个完整的游戏中往往存在很多不同的角色。从玩家是否可控的角度，这些角色可以分成两大类：玩家控制角色（Player Controlled Character，PCC），以及非玩家控制角色（Non Player Controlled Character，NPC）。

玩家控制角色指的是游戏中那些可以通过鼠标、键盘或者体感指挥的角色，比如《超级马里奥》中的马里奥、《刺客信条》中的阿泰尔。一般而言，玩家控制角色都是游戏中的主角或关键，是玩家进入虚拟游戏世界的入口。玩家通过指挥这些角色来实现对游戏世界的探索。

根据游戏类型的不同，玩家控制角色具备不同的能力。但总的来说，这些受玩家指挥的角色通常都具有以下功能：

1. 在游戏中移动：包括向前走/跑、向后走/跑、左右转向等。
2. 攻击游戏中的敌人：包括徒手攻击、使用武器攻击等。
3. 具有某种生命系统：受到攻击时会受伤，累积到一定程度之后甚至会死亡。
4. 能收集游戏中的道具。

从层次上来说，这些功能是互相独立但又协同工作的。因此在实现过程中很适合用 2.4.2 节中多 FSM 协同式来完成。本章我们将创造一个玩家控制角色 Hero，并用多个 FSM 来让其在游戏中移动、攻击敌人、受伤或死亡、收集道具。以此为例，本章详细介绍游戏中玩家控制角色的设计实现方法。

3.1 Hero 角色的导入

在实际操作中，游戏制作者一般都首先使用 3ds Max、Maya 等 3D 建模软件，把游戏中要使用的角色和场景模型制作出来，然后再将这些模型文件导入 Unity，加上各种游戏逻辑，生成最终的游戏。Unity 几乎支持所有主流的 3D 模型文件格式，比如 FBX、OBJ、C4D、MB、MA 等。

需要注意的是，Unity 默认的系统单位是米（m），但各种 3D 建模软件默认的系统单位却并不都是米。为了让模型可以按照理想的尺寸导入 Unity，就必须在 3D 建模软件中尽量使用米制单位，并做相应调整。表 3.1 所示是各建模软件的系统单位在设置成米制单位后，与 Unity 系统各单位的比例。

表 3.1 常用建模软件与 Unity 的单位比例

建模软件	建模软件内部米制尺寸 /m	导入 Unity 中的尺寸 /m	与 Unity 单位的比例
3ds Max	1	0.01	100:1
Maya	1	100	1:100
Cinema 4D	1	100	1:100
LightWave	1	0.01	100:1

3.1.1 导入模型与贴图

本节将把一个由 3ds Max 制作的北极熊模型导入游戏，让它成为游戏中的主角 Hero。

在本书配套资源的文件夹 Hero 中，有这个北极熊模型的所有素材，包括 Hero.FBX 和 Hero.tga。前者是模型文件，后者是贴图文件。

具体操作如下：

① 新建一个 Unity 的 3D 项目，命名为 CH3。如图 3.1 所示，在场景中放置一个立方体，命名为 Ground。并将它设置为扁平状 Scale(40,1,40)，颜色改为蓝灰色 RGB(162,165,171)，带有与自身一样大小的 Box Collider。具体做法可参照 2.2 节。

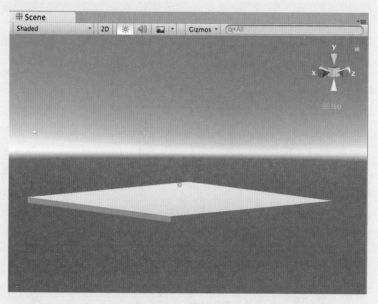

图 3.1　在空白的 Scene 中生成一个新的 Ground

② 给这个项目导入 PlayMaker。具体做法参见 2.3 节。

③ 在 Unity 的 Project 面板中，在 Assets 下新建一个文件夹，用来存放游戏中将要用到的所有角色的素材，给这个文件夹命名为 Character。

④ 如图 3.2 所示，将包含关于 Hero 所有素材的文件夹直接拖入 Unity 中新建的 Character 文件夹，即可完成素材的导入。

图 3.2　将素材导入 Unity 项目中

⑤ 将导入素材中的 Hero.FBX 直接从 Assets 中拖入 Scene 面板,如图 3.3 所示。即正式将 Hero 这个角色加入到游戏场景中。

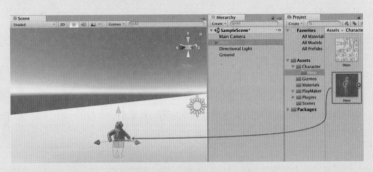

图 3.3 将角色放到 Scene 中

⑥ 如果需要调整导入的角色在 Scene 中的大小,请注意,因为导入的角色带有动画,所以不能简单地在 Inspector 面板中通过 Transform 的 Scale 属性来调整其大小。而必须先选中 Assets 中的 .FBX 文件,改变其 Model 中 Scale Factor 的值,单击下方的 Apply 按钮,这样就可以对 Scene 中导入的角色进行整体缩放,如图 3.4 所示。本例中将 Scale Factor 设为 2。

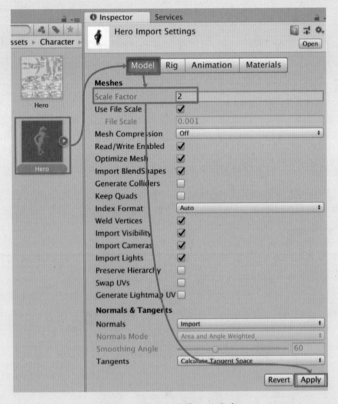

图 3.4 整体缩放导入的角色

⑦ 在 Hierarchy 面板中单击 Hero 前方的折叠三角,可以发现这个 Hero 其实包含模型 Bear_1 和内部的骨骼 root 两部分。如图 3.5 所示,将 Hero.tga 直接拖到模型 Bear_1 上,就可以完成对模型的贴图。

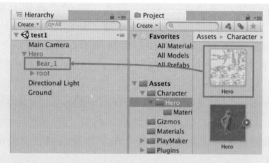

图 3.5 给导入的模型贴图

⑧ 在 Scene 面板中选中 Hero，通过调整其 Inspector 面板中 Transform 属性的 Position，让 Hero 站在 Ground 上，如图 3.6 所示。

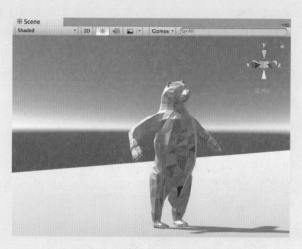

图 3.6 导入的北极熊 Hero

3.1.2 角色的动画

因为 Hero 在游戏中需要做出跑动、攻击、倒地死亡等多种动作，所以在 3ds Max 中制作这个北极熊的模型时，也给它做了骨骼动画。在 Assets 中选中 Hero.FBX，如图 3.7 所示，在右侧 Inspector 面板的 Rig 标签中，可以选择角色的动画类型。Unity 提供了四种动画方式：None（没有动画），Legacy（旧版动画），Generic 和 Humanoid（使用 Mecanim 的复杂动画系统）。本例使用旧版动画 Legacy，也就是把参数 Animation Type 设为 Legacy。

图 3.7 设置动画的种类

播放剪辑动画 Animation Clips：

选择 Rig 标签右侧的 Animation 标签，就可以看到北极熊 Hero 的剪辑动画。选中名为 Take 001 的剪辑动画，单击下方的播放按钮，就可以看到这其实是一个包含了 Hero 所有动作的连续动画，一共 426 帧。Hero 的行走、休息、攻击、被攻击、倒地死亡等动作都能在这个连续动画中找到。比如 0 ~ 108 帧为休息动作，220 ~ 270 帧为跳跃动作。在游戏中，一般情况每次只需要播放一种动作的动画。比如攻击敌人时，只需要播放出拳的动作，而不需要播放倒地死亡的动作。所以我们首先要把这个连续动画剪切成多个小片段，每个片段只包含一种动作。

具体操作如下：

① 如图 3.8 所示，单击 Clips 中的"+"，Unity 会自动生成一个新的与 Take 001 完全一样的动画出来。在下方的文本框中将这个新的动画改名为 rest1，并将 Start 设为 2，End 设为 37。Wrap Mode 设为 Loop。全部设置完之后单击最下方的 Apply 按钮。播放这个 rest1 动画可以看到，它只含有北极熊站在原地喘气休息的一段动画。

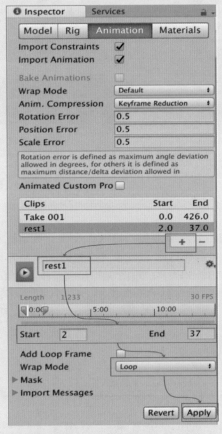

图 3.8　在连续动画中剪切出各种动作

Wrap Mode 中可以设置这个动画片段的播放方式：

1. Loop：表明一旦有播放这个动画的指令出现，这个动画就会连续不断地播放，直至有其他指令出现才停止；
2. Once：表明如果有指令要求播放这个动画，这个动画只播放一遍，除非再次出现播放指令。

② 用同样的方法，一共剪切出以下 8 种动作，如表 3.2 所示。

③ 在 Hierarchy 面板中选择 Hero，就会在 Inspector 面板中看到其 Animation 属性中出现了我们剪切出来的 8 种动画片段，如图 3.9 所示。

④ 另外，在 Hero 的 Inspector 面板中，将其 Tag 设为 Player，如图 3.10 所示。目的是方便后续引用该角色。具体将在第 4 章中讲述。

表 3.2 剪切 Hero 的所有动作动画

名称	帧	Wrap Mode
rest1	2 ~ 37	Loop
rest2	110 ~ 180	Loop
run	192 ~ 217	Loop
attack	318 ~ 341	Once
hurt	342 ~ 377	Once
die	378 ~ 426	Once
jump	236 ~ 265	Once
bend knees	222 ~ 235	Once

如果把 222 ~ 265 帧连起来播放，可以看到这是一个完整的跳跃动作。为了后续使用的方便，我们把整个跳跃动作分成下蹲准备起跳（bend knees）和腾空跳出（jump）两部分。

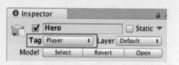

图 3.9 Hero 的所有动画片段　　图 3.10 给 Hero 加上 Tag

3.1.3 角色控制器

为了简化游戏中第一人称游戏主角、第三人称角色或者其他角色的设计，Unity 提供了一种特殊的控制器（Character Controller）：角色控制器。如果一个角色被设置具有 Character Controller，那么就自带碰撞体，而且具有了基本的运动能力。在本例中，我们也给北极熊 Hero 加上 Character Controller。

具体操作如下：

① 在 Hierarchy 面板中选中 Hero，在其 Inspector 面板的下方单击 Add Component 按钮，选择 Physics → Character Controller，如图 3.11 所示。

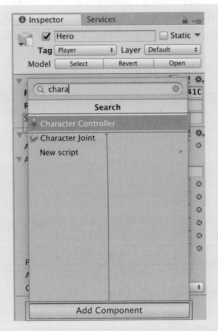

图 3.11 给 Hero 添加 Character Controller 属性

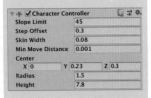

Slope Limit：角色爬坡的最大角度。

Step Offset：角色爬楼梯的最大高度。

Skin Width：这个参数决定了两个碰撞体可以互相穿透的深度。参数值过大，会产生抖动现象；参数值过小，会导致所控制的游戏对象被卡住。一般这个参数值设为 Radius 的 10% 比较合理。

Min Move Distance：如果所控制的游戏对象的移动距离小于这个值，则游戏对象不会移动。这样可以避免抖动现象。一般情况这个值都设为 0。

Center、Radius、Height：胶囊碰撞体的中心位置、半径、高度。

② 可以看到在 Hero 的周围出现了一个绿色的胶囊碰撞体，如图 3.12 所示。在 Character Controller 中调整 Center、Radius、Height 的值，使这个碰撞体大致包裹在 Hero 的周围。

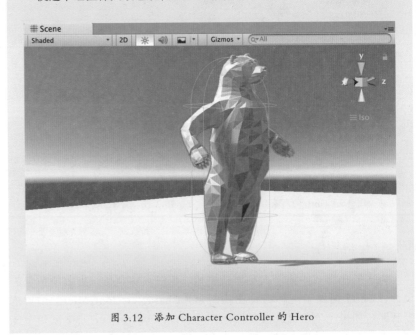

图 3.12 添加 Character Controller 的 Hero

至此，运行整个项目可以看到，这个北极熊 Hero 站在原地喘气休息。这是因为图 3.9 中底部的 Play Automatically 被勾选，项目一旦开始运行，就会自动播放 Animation 栏中指定的动画片段。

因为后面将要给北极熊 Hero 赋予各种行为逻辑，为防止混乱，此处请先将 Play Automatically 前面的钩去掉。

3.2 Hero 的行为设计与实现

本节采用 PlayMaker 给北极熊 Hero 加上表 3.3 所示的键盘控制。

表 3.3 Hero 的行为及其控制键

行为	控制键
向前移动	W 键或↑（Up）键
向后移动	S 键或↓（Down）键
向左转	A 键或←（Left）键
向右转	D 键或→（Right）键
跳跃	Space 键
攻击敌人	Left Ctrl
收集物品	Z 键

正如前面分析的，Hero 的这些行为是相互独立，但又能协同工作的。所以我们给 Hero 设置 5 个独立的 FSM：Walk FSM、Rotate FSM、Jump FSM、Attack FSM、Pick FSM，分别用来控制 Hero 的前/后移动、左/右转动、跳跃、攻击敌人、收集物体。

另外，因为 Hero 受到攻击时会受伤，甚至死亡，所以还必须给 Hero 设置一个 Health FSM，作为它的生命系统。控制它什么时候死亡，什么时候复活。

3.2.1 "前/后移动"的 PlayMaker 实现

本节将给 Hero 添加一个名为 Walk 的 FSM，用来专门控制它的前/后移动。Walk FSM 中主要完成以下 3 个任务：

1. 如果玩家没有按任何键，就让 Hero 在原地休息。
2. 如果玩家按了 W 键或者↑键，就让 Hero 往前走。
3. 如果按了 S 键或↓键，就让 Hero 后退。

具体操作如下：

① 在 Unity 的 Hierarchy 窗口中选中 Hero，并在菜单栏中打开 PlayMaker 编辑窗口：PlayMaker → PlayMaker Editor。

② 在 PlayMaker 编辑窗口中，右击选择 Add FSM，给 Hero 添加第一个 FSM，用来控制 Hero 的前/后移动。给这个 FSM 命名为 Walk。具体操作方法可参见图 2.26。

③ 将 Walk FSM 中的 State 1 改名为 Rest。并给这个状态添加一个动作 *Play Random Animation*，按图 3.13 设置这个动作的各项参数。此处将 Animations 设为 2，表明将随机播放 2 个指定的动画片段。每个动画片段的 Weight 都为 0.5，表明会以相同的概率选择播放这两个动画。

Play Random Animation 动作中的各种参数：

Animations：要随机播放的动画数量。

Animation：要播放的动画名称。

Weight：播放动画的概率。

Loop Event：每次循环这个动画时，就触发该事件。

Stop On Exit：此处如果打钩，表示一旦该状态不被执行，那么该动作中的所有动画停止播放。

在网站 https://hutonggames.fogbugz.com/default.asp?W2 的 Action Reference 中可以查询 PlayMaker 中所有的 Action 的解释与说明，大家可以自行查阅。

查看 Unity 的 Input Manager：

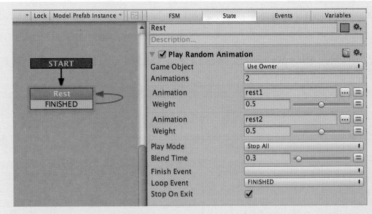

图 3.13　Rest 状态中的动作

④ 给 Rest 状态添加一个转换事件 FINISHED，并按照图 3.13 左侧所示，转接到 Rest 自己。勾选 Stop On Exit，表示如果一旦不执行该状态，就停止播放动画 rest1 和 rest2。

另外，将 Loop Event 设为 FINISHED。这样，每次循环执行 Rest 状态时，都会重新执行一遍 *Play Random Animation* 动作，也就是说重新按概率选择是执行 rest1 还是 rest2。大家可以试一下，如果 Loop Event 不设为 FINISHED，那么第一次执行时按概率选择播放的是哪个动画，随后就会一直重复播放这个动画，而不会重新选择。很显然，这与我们的初衷是不符的。

⑤ 给 Walk FSM 添加两个自定义的事件，分别命名为 Press W 和 Press S。并增加两个新的状态 Move Forward 和 Move Backward。按照图 3.14 所示，进行状态转换。

⑥ 单击 Unity 菜单栏中的 Edit → Project Settings → Input，在右侧的 Inspector 面板中会出现 Input Manager，如图 3.15 所示，其中写明了 Unity 中能检测到的输入情况。可以看出，键盘上的 Down 键（即↓键）和 S 键对应 Vertical 平面上的负向移动，Up 键（即↑键）和 W 键对应 Vertical 平面上的正向移动。

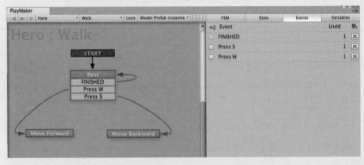

图 3.14　新增两个状态以及两个转换事件

⑦ 给 Rest 状态再添加一个动作 *Axis Event*，并按照图 3.16 进行设置。因为现在要对 Down 键、S 键、Up 键以及 W 键进行响应，它们都属于 Vertical 坐标，所以将 Horizontal Axis 的值设为 None。Up Event

和 Down Event 分别设为 Press W 和 Press S。

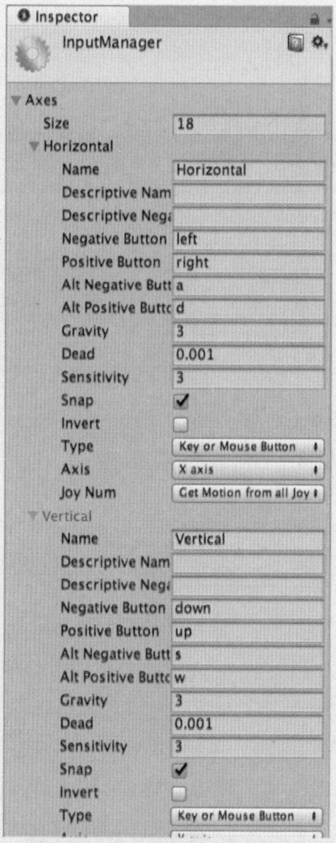

图 3.15 Unity 中的 Input 设置

从图 3.15 可以看出，Left 键、Right 键、A 键、D 键 都 属于 Horizontal 输入坐标系。而 Down 键、Up 键、S 键、W 键都属于 Vertical 输入坐标系。

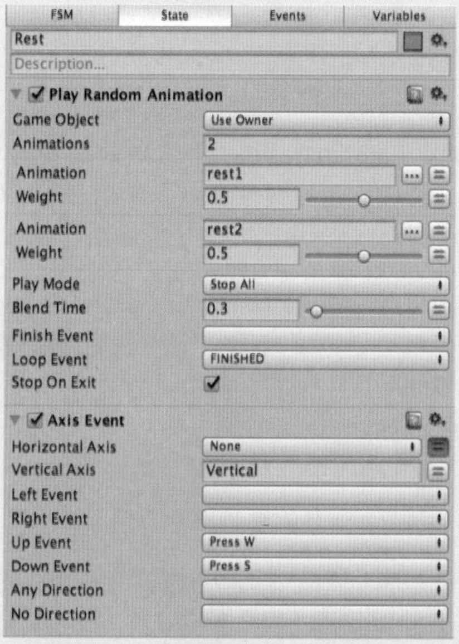

图 3.16 给 Rest 状态添加 Axis Event 动作

Axis Event 动作专门用来监测 Left 键、Right 键、Up 键、Down 键是否被按下，并在这些键被按下（Down Event）、放开（Up Event），或者完全没有任何操作（No Direction）时触发指定事件。

给变量设初值：

⑧ 按表 3.4，给 Walk FSM 再增加一个自定义事件 Stop Pressing，以及两个变量 Direction 和 Speed。请注意它们的数据类型 Type 分别要设为 Vector3 和 Float，并给 Speed 赋初值为 5。

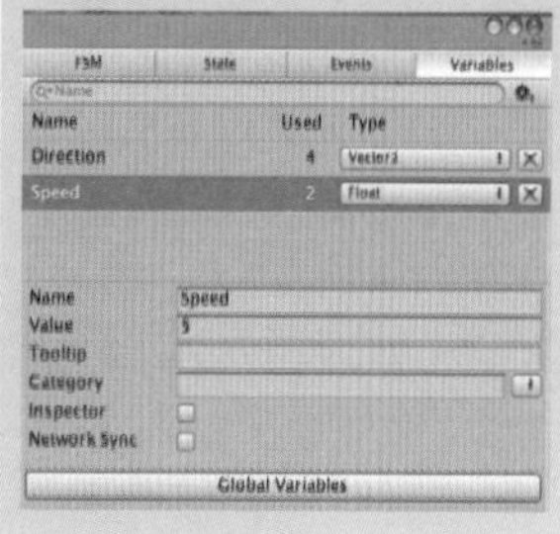

表 3.4　Walk FSM 中的 Events 和 Variables

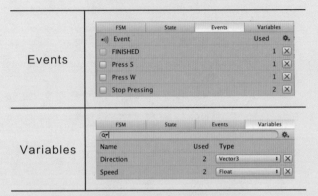

⑨ 给状态 Move Backward 和 Move Forward 各添加一个转换事件 Stop Pressing，并按照图 3.17 进行状态转换。

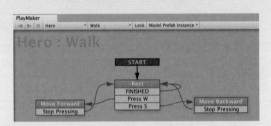

图 3.17　Walk FSM 的状态转换

⑩ 按表 3.5 给 Move Forward 状态添加 5 个动作。

- *Get Axis Vector*：此处用来从 Vertical 输入坐标系中获取方向向量和量级，分别存放在变量 Direction 和 Speed 中。因为仍旧是对 Up 键和 Down 键进行响应，所以此处仍旧将 Horizontal Axis 设为 None。

- *Controller Simple Move*：按指定的方向和速度，让一个有 Character Controller 的物体做简单的移动。使用这个动作时，Y 轴上的移动将被忽略。用这个方法让物体移动时，只是平移，也就是说并不会播放跑步等动画。

- *Set Animation Speed*：用来让指定的动画按照规定的速度进行播放。在这个动作中，如果 Speed 的值为负数，那么动画就会倒过来播放。此处 Speed 为 1，确保玩家在按下 Up 键时，跑步的动画是正序播放的。

- *Play Animation*：此处用来播放跑步的动画。

- *Axis Event*：此处用来监测 Vertical 输入坐标系中是否没有输入了（No Direction），一旦没有输入时，就出发 Stop Pressing 事件。

⑪ 按表 3.5 给 Move Backward 状态添加 5 个动作，除 *Set Animation Speed* 之外，都与 Move Forward 状态中的一样：

- *Set Animation Speed*：其中的 Speed 被设为 −1，表示倒着播放动画。

此处如果把 Speed 设为 2，运行项目可以发现 Hero 在往前跑动时的动作频率比 Speed 为 1 时快了一倍。但其实单位时间内移动的距离却并没有比原来更远。如果想让移动距离变远，应该修改 Controller Simple Move 动作中的参数 Speed 值。

单击状态 Move Forward 边上的齿轮图标，先选择 Select All Actions，再选择 Copy Selected Actions。

表 3.5 Move Forward 状态和 Move Backward 状态中的动作

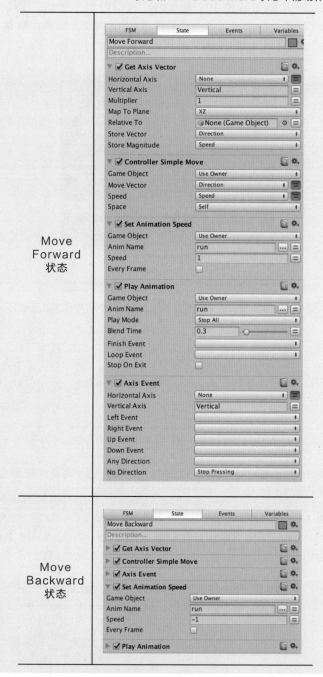

然后单击状态 Move Backward，在空白处右击选择 Paste Actions，就能把所有的 Actions 都复制过来。

进入 Move Forward 状态后，按照 State 中列出的顺序依次执行每个 Action：先执行 Get Axis Vector，然后执行 Controller Simple Move，Set Animation Speed，Play Animation，最后执行 Axis Event。顺序的不同会导致运行结果的不同。所以哪个动作在前，哪个动作在后，要仔细考虑。

比如动作 Controller Simple Move 就不能放在 Get Axis Vector 之前，因为只有先用 Get Axis Vector 给变量 Speed 赋值之后，才能用 Controller Simple Move 让对象以速度 Speed 进行移动。

至此，运行整个项目可以发现，如果按下 Up 键或 W 键，北极熊 Hero 会跑步前进；一旦松开按钮，Hero 将站在原地做休息动作；如果按下 Down 键或 S 键，Hero 会跑步倒退。

还有一点值得一提，不知道大家在运行项目时，有没有出现一个奇怪的情况：没有按键时，北极熊双脚贴地站得很好，但是一旦按了前进或后退键，北极熊就双脚离地、飘在空中往前/后跑，就出现如图 3.18 所示的情况。如果有这种情况，那就请检查一下 Hero 的 Character

Controller 属性中 Skin Width 的值设置得是否合适。一般地，Skin Width 的值设为 Radius 的 10% 比较好。设得太大，就会出现两个物体靠不到一起的现象。大家可以尝试着修改 Skin Width 的值，看看北极熊跑动起来的效果有什么差异。

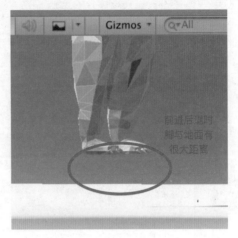

图 3.18　Skin Width 的值设置不好会导致两个物体靠不到一起

3.2.2　"转向"的 PlayMaker 实现

对于左/右转向这种行为，不需要播放任何动画，只需要让 Hero 绕 Y 轴旋转一定角度即可。

给 Hero 添加第二个 FSM：

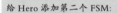

具体操作如下：

① 给 Hero 再添加一个 FSM，命名为 Rotate，专门负责响应键盘上的 Left 键和 Right 键。

② 按表 3.6，给 Rotate FSM 设置 3 个自定义转换事件，以及 2 个变量。其中 RotateSpeed_Negative 的初始值设为 –5，RotateSpeed_Positive 的初始值设为 5。

表 3.6　Rotate FSM 中的 Events 和 Variables

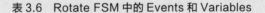
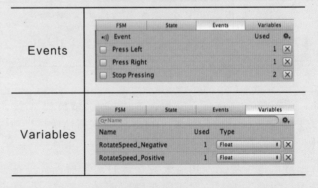

③ 给 Rotate FSM 一共设置 3 个状态：Rest、Turn Left、Turn Right，并按照图 3.19 进行状态转换。

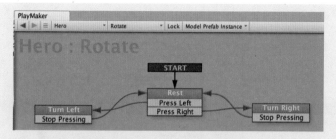

图 3.19 Rotate FSM 的状态转换

④ 按表 3.7，给状态 Rest 添加 4 个动作。

- *Get Key Down*：该动作在这个状态中用了 4 次，分别用来判断 Left 键 / A 键、Right 键 / D 键是否被按下，如果按下了就分别触发 Press Left 事件和 Press Right 事件。

⑤ 按表 3.7，给状态 Turn Left 添加 3 个动作。

- *Rotate*：此处让 Hero 绕 Y 轴按 RotateSpeed_Negative 速度进行旋转，并且把 Space 设为 Self，表示以自己为轴心进行旋转。

- *Get Key Up*：这个动作在这里用了 2 次，分别用来检测 Left 键和 A 键是否被松开，如果松开了，就触发 Stop Pressing 事件，表示应该停止旋转。

⑥ 按表 3.7，给 Turn Right 状态添加 3 个动作。与 Turn Left 状态中的动作相同，只是把 *Rotate* 中的速度改为 RotateSpeed_Positive。

至此，运行整个项目可以发现，Hero 已经能在玩家按下 Up 键 /W 键时往前走，按 Down 键 /S 键时往后走，按 Left 键 /A 键时向左转，按 Right 键 /D 键时向右转。而且 Hero 还能边行走边转向，比如 Hero 可以在按住 Up 键时对 Left 键进行响应，即边向前走边转向；当 Up 键和 Left 键都按下时，对松开 Left 键进行响应，即 Hero 结束转向继续往前走。

对比 Walk FSM 和 Rotate FSM 可以发现它们存在两个显著的差异：

1. Walk FSM 中的状态 Rest 里有一个动作专门用来播放 Hero 休息时的动画，而 Rotate FSM 中的 Rest 状态里没有。这是因为 Walk FSM 与 Rotate FSM 是同时执行的，如果 Rotate FSM 的 Rest 状态中也播放 Hero 休息时的动画，那么就会与 Walk FSM 中播放休息动画的动作重叠，而且我们是随机选择播放两个休息动画，因此可能造成 Walk FSM 中的动画和 Rotate FSM 中的动画冲突。所以我们只在 Rotate FSM 的 Rest 状态中进行左键右键的按下判断，而不做其他别的事情。

2. 同样是判断是否有按键被按下，Walk FSM 是用动作 *Axis Event* 来判断是否按下了 Up 键 /W 键，以及 Down 键 /S 键；而 Rotate FSM 则使用了动作 *Get Key Down* 来判断是否按下了 Left 键 /A 键，以及 Right 键 /D 键。事实上，这两个动作是可以互换的，差别在于 *Axis Event* 可以同时检测两个指挥朝前走的按键（Up 键 /W 键），以及两个指挥朝后走的按键（Down

表 3.7　Rotate FSM 中的动作

状态	设置
Rest 状态	**Rest** Get Key Down — Key: Left Arrow, Send Event: Press Left, Store Result: None Get Key Down — Key: Right Arrow, Send Event: Press Right, Store Result: None Get Key Down — Key: A, Send Event: Press Left, Store Result: None Get Key Down — Key: D, Send Event: Press Right, Store Result: None
Turn Left 状态	**Turn Left** Rotate — Game Object: Use Owner, Vector: None, X Angle: None, Y Angle: RotateSpeed_Negative, Z Angle: None, Space: Self, Per Second: ☐, Every Frame: ☑, Late Update: ☐, Fixed Update: ☐ Get Key Up — Key: Left Arrow, Send Event: Stop Pressing, Store Result: None Get Key Up — Key: A, Send Event: Stop Pressing, Store Result: None
Turn Right 状态	**Turn Right** Rotate — Game Object: Use Owner, Vector: None, X Angle: None, Y Angle: RotateSpeed_Positive, Z Angle: None, Space: Self, Per Second: ☐, Every Frame: ☑, Late Update: ☐, Fixed Update: ☐ Get Key Up — Key: Right Arrow, Send Event: Stop Pressing, Store Result: None Get Key Up — Key: D, Send Event: Stop Pressing, Store Result: None

键/S键);而 *Get Key Down* 每次只能检测一个按键,所以 Rotate FSM 中的 Rest 状态才连续用了 4 个 *Get Key Down* 来检测 4 个按键的状态。

3.2.3 "攻击"的 PlayMaker 实现

根据前面的设计,我们让 Hero 在按下 Left Ctrl 键时攻击对手。这里面其实包含两部分内容:第一部分需要让 Hero 做出挥拳攻击的动作,第二部分需要检测挥出的拳是否真的击中了敌人,如果击中了敌人,还需要扣除敌人一定量的生命值。因为第二部分内容涉及敌人,我们就把这部分内容放到下一章讲完怎么制作非玩家控制的敌人之后再去细说。

下面介绍如何用 PlayMaker 指挥北极熊 Hero 在按下 Left Ctrl 键之后做出挥拳攻击的动作。

具体操作如下:

① 给 Hero 再添加一个 FSM,命名为 Attack,专门负责响应键盘上的 Left Ctrl 键。

② 按表 3.8,给 Attack FSM 设置 1 个用户自定义的转换事件。

表 3.8 Attack FSM 中的 Events 和 Variables

Events	Event — Used FINISHED — 1 Press Fire — 1
Variables	无

③ 给 Attack FSM 设置 2 个状态:Rest、Attack,并按照图 3.20 进行状态转换。

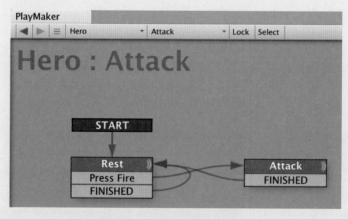

图 3.20 Attack FSM 的状态转换

④ 按表 3.9,给 Rest 状态添加 2 个动作:

● *Get Button Down*,用来检测是否按下了 Left Ctrl 键。其中在

> 事实上,此处如果用 *Get Key Down* 也是可以的。只是一个 *Get Key Down* 动作只能检测一个按键。

值得注意的是，Input Manager 中显示，Left 键、Right 键、A 键、D 键在输入时都叫 Horizontal；Down 键、Up 键、S 键、W 键都称为 Vertical。

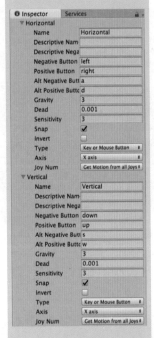

Button Name 属性里，填的是要检测的键的名字。所有键对应的名字都可以在 Unity Input Manager 中查到（见图 3.21）。比如 Left Ctrl 键和 Mouse 0（也就是鼠标左键）在输入时的名字都称为 Fire1。也就是说，如表 3.9 所示把 Button Name 设为 Fire1，那么无论按下的是 Left Ctrl 键还是鼠标左键，都会触发 Press Fire 事件。

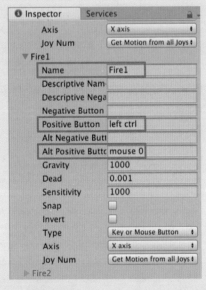

图 3.21　Unity Input Manager 中关于 Fire1 的说明

- *Play Random Animation*，与之前一样，使用这个动作来播放 Hero 休息时的动画。

⑤ 按表 3.9，给 Attack 状态添加 1 个动作。

- *Play Animation*，此处让 Hero 做出挥拳的动作。在动画播放完毕后将状态转换回 Rest 状态。

表 3.9　Attack FSM 中的动作

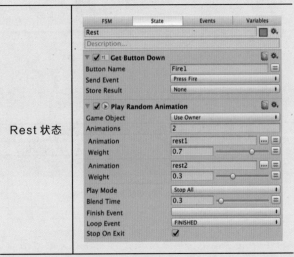

续表

Attack 状态	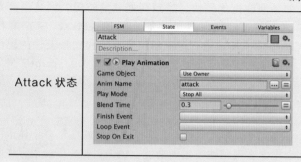

3.2.4 "跳跃"的 PlayMaker 实现

本节中，我们要让北极熊 Hero 能在按下 Space 键的时候跳起来。一般游戏中角色的跳跃分为两种：一种是只按 Space 键让角色在原地起跳，再落回原地；另外一种是在跑动中按 Space 键，也就是按着 Up 键／W 键再按 Space 键，这样角色就会向前上方跳出，以抛物线方式落回地面，如图 3.22 所示。

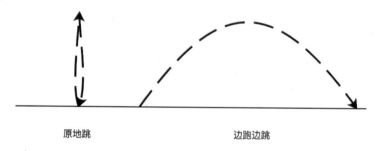

图 3.22 两种跳跃的形式

在 3.1.2 节中，我们已经剪切出了两个与跳跃有关的动画片段：bend knees 和 jump。之所以要将完整的跳跃动作剪切成下蹲准备、腾空跳起这两部分，是因为制作模型的动画时，都保持了模型身体的中间位置不变，所以在做跳跃的下蹲准备动作时，如图 3.23 所示，模型的重心还是在原处，并没有下降，而模型的双腿实际是往上缩的。

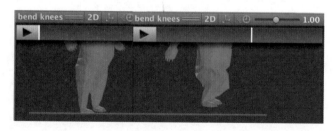

图 3.23 第 222 帧和第 229 帧双脚位置对比

因此，在按下 Space 键播放跳跃的动画时，就会看到北极熊双脚离地做下蹲准备动作，这显然是不符合常理的。所以我们把整个跳跃的动作分成两部分：在下蹲准备时，让角色的重心下移，然后才进入第二部分，让角色做带重力的起跳。

> 带重力效果的跳跃只能靠脚本来完成，无法靠 PlayMaker 直接完成。如果仅播放跳跃的动画，而不用脚本，那么可以看到角色就只在原地做既没有 Y 轴高度上的位移，也没有 XZ 轴水平上的位移的跳跃动作。

另外需要注意的是，跳跃其实是一个比较复杂的动作。因为重力的作用，起跳的初期速度比较快，越到高处速度越慢，到达最高点后开始反向运动，速度逐渐变快，直至落地。而 PlayMaker 中并没有现成的 Action 能控制物体流畅地进行速度由快变慢、再由慢变快的位移。这是 PlayMaker 的缺陷。因此，此处需要使用一个脚本（Script）来完成这个工作。

3.2.4.1 控制跳跃的脚本

在 Unity 中，所谓脚本，实际上就是一段附加在某个物体上的代码，用来控制这个物体实现某些特定的功能。Unity 支持多种语言作为脚本语言，但其中 C# 用得最为广泛。因此，此处也用 C# 来完成这个控制带重力跳跃的脚本。

具体操作如下：

① 在 Unity 的 Project 面板中，在 Assets 下方建一个新文件夹，命名为 Script，专门用来放整个项目的各种脚本。在 Script 中的空白处右击，选择 Create → C# Script，新建一个 C# 脚本，如图 3.24 所示。给这个脚本命名为 JumpScript。

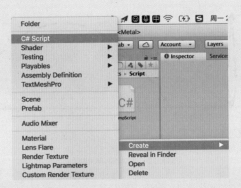

图 3.24　新建一个 C# 脚本

② 双击这个脚本，则会打开安装 Unity 时附带安装好的 Visual Studio，然后进行脚本的编辑，如图 3.25 所示。

图 3.25　脚本编辑界面

> 这个 JumpScript.cs 脚本在本书附带的资源中可以找到。

③ 在 JumpScript.cs 中，输入下述代码。全部输入后按 Ctrl+S 保存。

```
using System.Collections;
using System.Collections.Generic;
using UnityEngine;
```

```csharp
public class JumpScript : MonoBehaviour
{
    public float speed = 4.0f;          // 控制边跑边跳时X、Z方向上的速度
    public float jumpSpeed = 3.0f;      // 控制跳起时Y方向上的初始速度
    public float gravity = 6.0f;        // 重力
    public float margin = 1.45f;        // 射线的长度
    private Vector3 moveDirection = Vector3.zero;
                                        // 位移方向
    public bool startJump = false;      // 是否要开始做腾空起跳的标记位

    // Use this for initialization
    void Start(){}

    bool IsGrounded(){
        // 从transform.position位置开始,沿-y方向发出一条长度为margin的射线,如果射
        // 线与任何碰撞体交叉时,返回真;否则返回假。
        return Physics.Raycast(transform.position, -Vector3.up, margin);
    }

    // Update is called once per frame
    void Update()
    {
        CharacterController controller = GetComponent<CharacterController>();

        float v = Input.GetAxis("Vertical");   // Up键

        if (IsGrounded() && startJump)         // 只有站在地上并且startJump为
                                               // 真时才响应
        {
            if (!Input.GetKey(KeyCode.UpArrow))        // 如果没有同时按Up键,
                                                       // 做如下响应
            {
                moveDirection = new Vector3(0, 0, 0);
                moveDirection = transform.TransformDirection(moveDirection);
                moveDirection *= speed;
                moveDirection.y = jumpSpeed;
            }
            else if (Input.GetKey(KeyCode.UpArrow))
                                                       // 如果同时按了Up键
            {
                moveDirection = new Vector3(0, 0, v);
                moveDirection = transform.TransformDirection(moveDirection);
                moveDirection *= speed;
                moveDirection.y = jumpSpeed;
            }
```

设置了6个变量。其中,参数margin的值需要根据角色的高度来自行设定。一般就约等于角色站在地面上时,他的重心到地面的距离。若margin设置过小,会造成角色始终被判定为悬于空中,导致无法实现腾空跳起。

此处自定义了一个函数IsGrounded( ),用来检测Hero是否落到了地面上。事实上,Unity中的CharacterController自动提供了属性isGrounded以供检测角色是否落地。但是在真实使用过程中,这个属性过于敏感,很容易误测。所以采用光线投射Physics.Raycast方法来检测是否落地。

如果角色站在地上,只按了Space键,没有按Up键,就让角色在原地起跳并落下。

如果角色站在地上,按了Space键,也按了Up键,就让角色往前上方做抛物线跳。

注:限于图书版面,对部分较长的程序语句或注释进行了换行,在软件中不换行。

> 如果角色站在地上,没有按 Space 键时,就让角色停在原地,不发生位移。

> Y 方向的位移受到重力和时间的影响。

```
    }

    // 如果站在地上并且 startJump 为假时, 把移动方向改为 0
    if (IsGrounded() && !startJump){
        moveDirection = new Vector3(0, 0, 0);
    }

    moveDirection.y -= gravity * Time.deltaTime;
    controller.Move(moveDirection * Time.deltaTime);
}
```

④ 如图 3.26 所示,将脚本从 Assets 中直接拖到 Hierarchy 面板中的 Hero 上,即可完成它们之间的绑定,也就是说 Hero 从此将受到 JumpScript.cs 的控制。

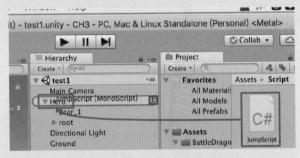

图 3.26 给游戏中的物体附加上脚本

⑤ 绑定完脚本后,在 Hero 的 Inspector 面板中可以看到多出一个脚本组件,如图 3.27 所示。可以直接在这个组件中修改脚本里的各个变量的值。

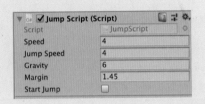

图 3.27 脚本组件

3.2.4.2 Jump FSM

给角色绑定脚本之后,就可以在 PlayMaker 中设计专门用来控制跳跃的 FSM 了。我们给 FSM 设计三个状态:Rest、Bend Knees、Jump,分别负责:

1. 状态 Rest 负责描述 Hero 没跳跃时的行为,一共需要完成四个任务:第一,不断检测玩家是否单击了 Space 键,如果单击了,就触发 Press Space 事件,将状态转换至 Bend Knees;第二,通过将 JumpScript.cs 脚本中的参数 startJump 设为 false,给脚本发送信号，让Hero站在原地；第三，因为在状态Bend Knees中需要把Hero的重心下移，以免出现下蹲准备时双脚离地的情况，所以在Rest状态中先要记住当前（没起跳时）Hero的重心高度，以便跳完再次回到状态Rest时将重心移回原来的高度；第四，保证Walk FSM是执行状态。这是因为当同时按着Up键和Space键的时候，我们的本意是让Hero朝前上方跳出，但是因为按了Up键，所以Walk FSM也会进入图3.17中的Move Forward状态，从而开始播放跑步的动画片段，这样就会与Jump FSM中要播放的跳跃动画互相冲突，造成错误。所以，应该在开始跳了之后就暂停Walk FSM的执行，跳完落地之后，也就是回到Rest状态时，再重新恢复Walk FSM的执行。

2. 状态Bend Knees负责在按下Space键之后，完成起跳前的下蹲动作，一共需要完成三个任务：首先，将Hero的重心下移一定量，保证下蹲时双脚也是在地上的；其次，为了防止将重心下移的操作与脚本JumpScript.cs脚本中的位移操作相冲突，在将重心下移时需要停止执行JumpScript.cs脚本；第三，播放下蹲时的动画片段。

3. 状态Jump负责起跳到落地时的行为。首先，恢复执行JumpScript.cs脚本，这样Hero才会出现Y轴高度上的，以及X、Z轴水平上的位移；其次，暂停Walk FSM的执行，以防和要播放的跳跃动画互相冲突；第三，通过将JumpScript.cs脚本中的参数startJump设为true，给脚本发送信号，让Hero开始离地跳起；第四，播放腾空跳起的动画。

具体操作如下：

① 给Hero再添加一个FSM，命名为Jump，专门负责响应键盘上的Space键。

② 按表3.10，给Jump FSM设置1个用户自定义事件Press Space，有5个变量。注意，要将positionOri_y的初始值设为Hero的Inspector面板中Transform属性里Position中的Y值。其他变量不需要设置初始值。

表3.10 Jump FSM中的Events和Variables

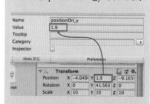

设置变量positionOri_y的初始值：

③ 给Jump FSM一共设置3个状态：Rest、Bend Knees、Jump，并按照图3.28进行状态转换。

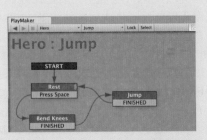

图3.28　Jump FSM的状态转换

④ 按表3.11，给Rest状态添加6个动作。

- *Set Property*，这个动作是用来在PlayMaker中设置所绑定的脚本里的参数。但是这个动作并不是通过Action Browser添加的，而是将Inspector面板中的脚本组件直接拖至PlayMaker中，并在跳出的菜单中选择Set Property，如图3.29所示。添加这个动作之后，把Property的值选为startJump，Set Value不打钩，也就是把startJump的值设为false。

添加动作 *Set Property* 和 *Get Property*：

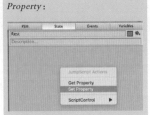

Set Property：为了给绑定的脚本中的变量赋值。

Get Property：为了获取脚本中的变量值。

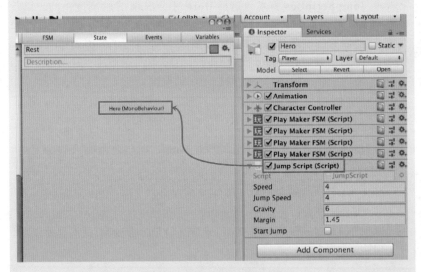

图3.29　添加动作Set Property

- *Set Position* 这个动作用来设置物体的位置。此处，只将Y的值设为positionOri_y，X和Z的值都保持为None，表示X和Z方向的位置不需要重新设置。

- *Get Position* 这个动作用来保存物体的位置。此处我们将Vector设为positionOri，X的值设为positionOri_x，Y的值设为positionOri_y，Z的值设为positionOri_z。在Every Frame前打钩，表示每一帧都要保存当前的位置。

- *Set Vector3 Value* 这个动作用来把一个三维变量赋值给另一个三维变量。此处，我们把Hero的当前位置positionOri赋值给另一个临时变量positionTemp，因为后面会把这个临时变量的值进一步修改为下蹲时重心要移动的位置，而跳完之后还要把 Hero 的重心调整回 positionOri 的位置。

- *Get Key Down*，此处将 Key 的值设为 Space，参数 Send Event 的值设为 Press Space，即检测是否按下了 Space 键，如果按下了就触发 Press Space 事件。

- *Enable FSM* 这个动作用来设置某个 FSM 是可执行状态，还是被禁用状态。此处把参数 Fsm Name 设为 Walk，在 Enable 前打钩，表示使用 Walk FSM。

⑤ 按表 3.11，给 Bend Knees 状态添加 4 个动作：

- *Enable Behaviour* 这个动作用来禁用或者使用某个脚本。此处，将 Behaviour 设为 JumpScript，不勾选 Enable，表示禁用该脚本，防止重心下移的操作与脚本中的位移操作互相冲突。

- *Vector3 Add XYZ* 这个动作用来给三维向量做加减法。此处，Vector3 Variable 设为 positionTemp，只将 Add Y 设为 −0.18，表示将 Rest 状态中保存下来的临时变量 positionTemp 的 Y 分量减去 0.18，也就是让原位置下降 0.18。

- *Move Towards* 这个动作用来按指定速度将物体移至某个新位置。此处，Target Position 设为刚才调整过 Y 值的临时变量 positionTemp，表示将 Hero 的重心移至 positionTemp 代表的位置上。Max Speed 是移动时的最大速度，大家可以根据动画的快慢自行调整。值得注意的是 Finish Distance 的值，这个值表示当物体移到距离目标位置还有 Finish Distance 的时候就认为这个动作已经执行完成。一般情况下，这个值不能设为 0。因为角色的碰撞体经常会比自身稍微大一点，如果这个值设为 0，就很可能造成因无法移动到完全与目标位置吻合，而出现这个动作永远结束不了的情况。所以，此处我们把 Finish Distance 设为一个比较小、但又不等于 0 的值 0.005。

- *Play Animation*，此处用来播放下蹲的动画片段。

⑥ 按表 3.11，给 Jump 状态添加 4 个动作：

- *Enable Behaviour*，此处将 Behaviour 设为 JumpScript，勾选 Enable，表示启动该脚本，让 Hero 进行 Y 轴高度上的以及 X、Z 轴水平上的位移。也就是腾空跳起，直至落地。

- *Enable FSM*，此处把 Fsm Name 设为 Walk，不勾选 Enable，表示禁用 Walk FSM。前面已经分析过，这是防止腾空跳起时播放的动画与 Walk FSM 中播放的跑步动画相冲突。

- *Set Property*，再次将 Inspector 面板中的脚本组件拖至 PlayMaker 中，生成这个动作。这次，依旧把 Property 设为 startJump，但勾选 Set Value，表示将脚本中的 startJump 的值设为 True。

- *Play Animation*，此处用来播放腾空跳起的动画。

注意：*Get Key Down* 和 *Get Key* 是完全不同的两个动作。*Get Key Down* 只有在按下键的瞬间才被触发，而 *Get Key* 则在后面按着键不松时也会被触发。

这个 Add Y 的值到底设为多少，要根据自己的模型来决定。这个值大致就是下蹲时双脚离地的距离。

回顾一下脚本的内容，可以发现只有当 startJump 为 True 时，才会发生跳起的行为，也就是 X、Y、Z 三个轴上有位移。

表 3.11　Jump FSM 中的动作

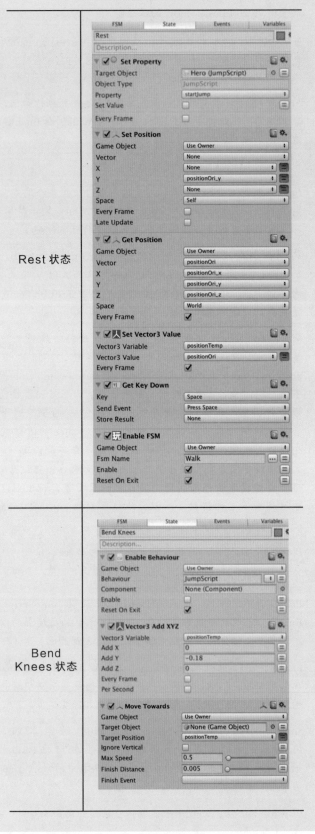

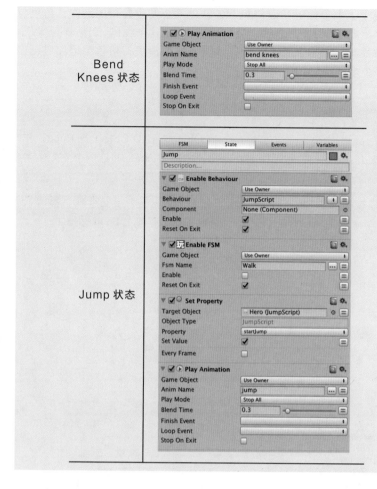

此时再运行整个项目就可以发现，北极熊 Hero 既能正常地朝前 / 后跑动，又能在跑动过程中朝前跳跃，落地之后还能正常跑动。而且如果一直按着 Up 键不放，并不会出现 Hero 不停地在原地跳，或者在空中不停地飞行的错误情况。如果想连续跳，必须要等 Hero 落地之后再按 Up 键才能跳起。这样的设定，符合基本的跳跃规则。

3.2.5 "收集"的 PlayMaker 实现

为了增加游戏的可玩性，经常会给角色设置一些收集东西的任务。比如，捡到血包可以补充生命值，或者收集各种武器装备用来增加自身的战斗力等。无论是哪一种收集，其行为模式都可以概括为：移动至距离目标物体一定范围内，然后按下某个键（比如 Z 键），目标物体就会消失，代表该物体已经被角色收集到了。

因此，在本节中，我们给北极熊 Hero 再增加一个名为 Pick 的 FSM，来实现收集的行为。在这之前，我们首先在场景中放置两个立方体，代表 Hero 要收集的东西。大家也可以导入自己的模型来充当要收集的东西。这对 Pick FSM 的设计没有影响。

我们将 Pick FSM 中的行为逻辑按如下流程进行设计：当角色与目标物体距离小于 2 个单位时，玩家可以通过按 Z 键捡拾这个物体；当距离大于等于 2 个单位时,即使按下 Z 键也不会发生捡拾的动作;角色与目标物体距离小于 2 个单位时,也可以决定不捡这个物体,而是转身离开;一旦物体被角色捡走,那么这个物体从场景中消失;角色会记住自己已经捡到多少个此类物体。

具体操作如下:

① 给 Scene 中增加两个立方体:GameObject → 3D Object → Cube。并修改 Inspector 面板中 Transform 属性里的 Scale,将这两个立方体调整至合适的大小,并给它们命名为 Food1 和 Food2。

Food1 和 Food2:

② 首先按照图 3.30,单击 Food1 下方的 Tag 标签,给整个项目新增名为 Food 的标签。然后再给 Food1 和 Food2 都加上 Food 标签。

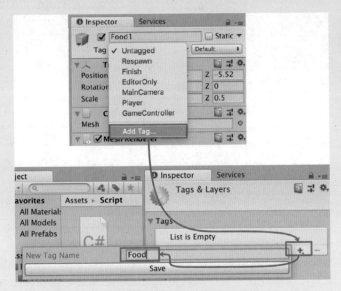

图 3.30 给物体设置标签

用 Tag 来标注一类物体是个很好的习惯,便于在 PlayMaker 中批量引用这一类物体。

③ 给 Hero 新增一个 FSM,命名为 Pick,专门用来响应键盘上的 Z 键。

④ 按表 3.12,给 Pick FSM 设置 3 个用户自定义事件,为 3 个变量。注意变量 foodCount 的初始值一定要设为 0。

表 3.12 Pick FSM 中的 Events 和 Variables

	FSM	State	Events	Variables
	Event			Used
	FINISHED			1
Events	In Range			3
	Out of Range			2
	Press Z			2

	FSM	State	Events	Variables
	Name		Used	Type
Variables	distance		4	Float
	food		4	GameObject
	foodCount		1	Int

变量 foodCount 是用来统计 Hero 一共已经收集了多少个 Food 物体。

⑤ 给 Pick FSM 添加三个状态：Outside、Inside、Pick。按照图 3.31 进行状态转换。

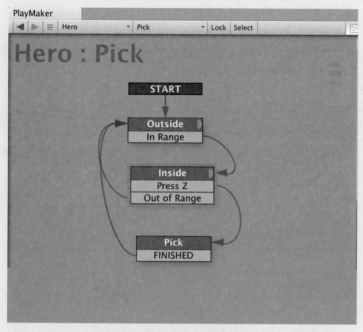

图 3.31　Pick FSM 的状态转换

⑥ 按表 3.13，给 Outside 状态添加 2 个动作。

- *Find Closest*，这个动作用来找到最近的具有指定 Tag 的物体。此处把 With Tag 设为标签 Food，Store Object 设为变量 food，Store Distance 设为 distance。也就是找到离 Hero 最近的带有 Food 标签的物体，将它存放在变量 food 中，并把 Hero 和这个物体之间的实时距离保存在变量 distance 中。

- *Float Compare*，这个动作用来比较两个浮点型数据的大小。此处，把 Float 1 设为变量 distance，Float 2 设为 2，Equal 设为事件 In Range，Less Than 也设为事件 In Range，并勾选 Every Frame。表示不断地测试 distance 是否小于或等于 2，一旦小于等于 2，就触发 In Range 事件进行跳转。

⑦ 按表 3.13，给 Inside 状态添加 3 个动作。

- *Get Key Down*，此处用来判断 Z 键是否按下，如果按下就触发 Press Z 事件。

- *Get Distance*，这个动作用来测试两个物体之间的距离。此处将 Target 设为 food，Store Result 设为变量 distance，勾选 Every Frame。也就是实时记录 Hero 和 food 之间的距离。

- *Float Compare*，再次使用这个动作，此处 Float 1 和 Float 2 的值的设置与 Outside 状态下一样。但是 Equal 和 Less Than 不做设置，Greater Than 设为 Out of Range，表示不断地测试 distance 是否大于 2，一旦大于 2，就触发 Out of Range 事件将

在 Inside 状态中还要实时监测角色与物体之间的距离，防止角色走近目标物体之后又决定不捡，而转身离开。

状态跳转回 Outside。

⑧ 按表 3.13，给 Pick 状态添加 3 个动作。

- *Int Add*，这个动作用来对指定的整型变量进行加减法。因为一旦进入 Pick 状态，也就代表玩家已经按下了 Z 键决定要捡起这个物体，所以我们首先用 *Int Add* 来给 foodCount 加 1，表示角色现在拥有的此类物体的数量加 1。

- *Set Tag*，这个动作用来给指定的物体设置指定的标签。此处 Game Object 设为 food，Tag 设为 Untagged。这是因为在这个物体被捡拾之后，它的 Tag 就不应该再有 Food 标签，以防当状态转换回 Outside 之后，这个已被捡拾掉的物体仍被当作可被捡的东西处理。

- *Destroy Object*，这个动作用来销毁指定的物体。此处将 Game Object 设为 food，即让这个已被捡拾的物体从场景中消失，也就是从 Hierarchy 面板中消失。

表 3.13 Pick FSM 中的动作

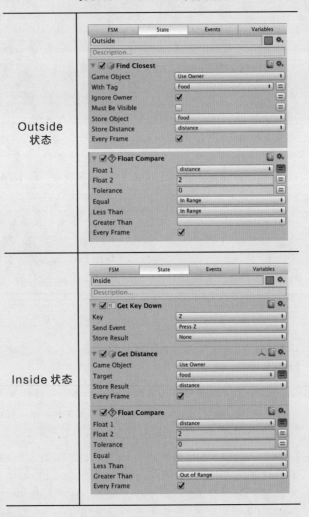

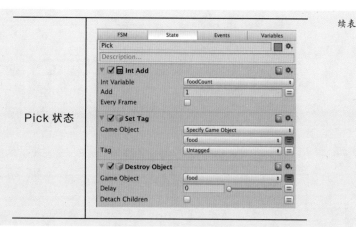

Pick 状态

至此，运行游戏可以发现，北极熊 Hero 已经可以逐个捡拾场景中的两个立方体了。Hero 在场景中走动，它离这两个立方体中的哪个更近，哪个立方体就会被当作 Pick FSM 中的 food。而变量 foodCount 则会记住目前 Hero 已经捡了多少立方体了。

3.2.6 "生命系统"的 PlayMaker 实现

前面已经分析过，作为一个完整的玩家控制角色，应该既能攻击对手，也能被对手攻击，甚至死亡。也就是说玩家控制角色应该具有某种生命系统，用来记录玩家目前的生命值，并在生命值等于 0 时宣告角色死亡，游戏任务失败。关于 Hero 生命系统的详细设置方法，我们将在第 4 章中 Hero 与 NPC 对战时再讲述。此处仅先给 Hero 添加一个名为 Health 的 FSM，并设置一个用来记录 Hero 是否死亡的变量。

具体操作如下：

① 给 Hero 再添加一个 FSM，命名为 Health，如图 3.32 所示。

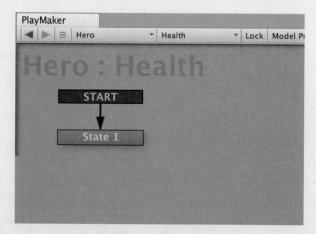

图 3.32　Health FSM

② 给 Health FSM 设置一个变量，命名为 isAlive，数据类型为 Bool，如图 3.33 所示。并给这个变量赋初值为 True。

在 Value 处打钩，表示把这个变量的值设为 True；不打钩，表示将其设为 False。

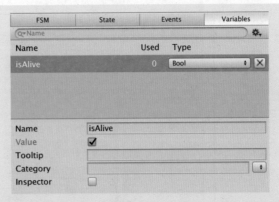

图 3.33　添加用来表示 Hero 是否死亡的变量 isAlive

③ 结束本章之前，请首先保存游戏场景 CH3。后续章节将继续往这个游戏场景中添加其他角色。

3.3　总结

本章详细介绍了游戏中玩家控制角色的设计与实现。分析了玩家控制角色一般必须要具备的五种功能：前/后移动、旋转、跳跃、攻击、收集，并通过多 FSM 协同式实现了这些功能。

本章具体介绍了如何把 3ds Max 做成的模型导入游戏，如何处理动画，如何使用角色控制器，如何对键盘输入做出响应，如何使用 C# 脚本，如何使用 PlayMaker 控制 C# 脚本，如何使用 Tag，如何销毁游戏对象。

本章用到的 PlayMaker 的动作包括：*Get Axis Vector*, *Controller Simple Move*, *Set Animation Speed*, *Play Animation*, *Axis Event*, *Get Key Down*, *Rotate*, *Get Key Up*, *Get Button Down*, *Set Property*, *Set Position*, *Get Position*, *Set Vector3 Value*, *Enable FSM*, *Enable Behaviour*, *Vector3 Add XYZ*, *Move Towards*, *Find Closest*, *Float Compare*, *Get Distance*, *Int Add*, *Set Tag*, *Destroy Object*。

非玩家控制角色的设计一：战斗型NPC

CHAPTER 04

游戏中除玩家控制角色外，其余的角色都可以被称为非玩家控制角色（Non-Player Controlled Character，NPC）。这些角色不受玩家操纵，他们的行为逻辑是在游戏设计阶段就固化在游戏中的。什么时候有什么样的行为、做什么样的反应，都是预先设定好的。从功能上来看，这些角色主要可以分为以下三种：

1. 战斗型NPC：指能武力攻击对手的那些NPC，有的属于玩家的友军，能帮助玩家控制角色攻击游戏中的敌人；有的属于玩家的敌军，如果玩家击杀他们，就能获得相应的荣誉值、经验值，或者装备。

2. 服务型NPC：指为玩家控制角色提供各种服务的NPC，比如通过聊天等方式为玩家控制角色提供辅助信息，推动剧情的发展，引导玩家的下一步行为，或者作为店主，给玩家控制角色提供一些交易。

3. 路人型NPC：指游戏中那些与玩家控制角色没有互动的NPC。这些角色在游戏中往往数量比较多，不管游戏的发展如何，他们都按照设定做自己的事。

本章主要介绍战斗型NPC的设计与实现方法。下一章将介绍服务型NPC的设计实现方法。由于路人型NPC不存在与其他角色的互动，其设计实现方法较为简单，可以参考另外两类NPC。为节约篇幅，本书不讲述路人型NPC的具体设计方法。

4.1 战斗型NPC（Killer）的行为分析

本节将讨论并实现一个敌军战斗型NPC（命名为Killer）。这种NPC在游戏中很常见，他们在特定的时间、场合中，会攻击玩家控制角色，每次有效攻击都会使玩家控制角色的生命值下降一定量，同时玩家控制角色也能攻击并杀伤他们。当玩家控制角色离开这种特定的时间、场合，或者被杀死时，攻击停止。

这类NPC的设计，与上一章中讲的玩家控制角色（PCC）的设计会略有不同。上一章我们把PCC的行为分成前/后移动、转向、攻击、跳跃、收集共五个互相独立的部分，而且这五部分不存在先后关系。什么时候调用哪个部分，完全是由用户按键决定的，如图4.1所示。也就是说，并不需要另外设置一个模块来管理什么时候调用这五个模块中的某一个。但是NPC则不同，他们的行为完全不受玩家的控制，也就是说必须要如图4.2所示，设置一个总体行为管理模块，由这个管理模块来决定什么时候调用哪个具体的下属功能模块。

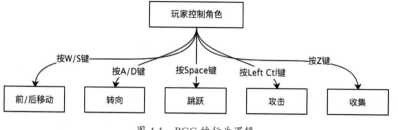

图 4.1　PCC 的行为逻辑

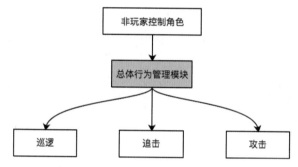

图 4.2　NPC 的行为逻辑中需要一个总体行为管理模块

4.1.1　总体行为逻辑

根据之前的分析，战斗型 NPC Killer 的行为可以概括为：在一定场地范围内巡逻，看到目标（也就是玩家控制角色）之后追击目标，目标进入攻击范围之后展开进攻。也就是说，大致可以分成巡逻、追击、攻击这三种行为。其中，将"追击"定义为朝向目标的快速移动，而"攻击"表示会对目标造成伤害的进攻行为。

这三种行为互相之间的转换，也就是这里所说的总体行为逻辑，就应该由图 4.2 中的总体行为管理模块来负责。这个管理模块内部应该符合图 4.3 中的转换流程。

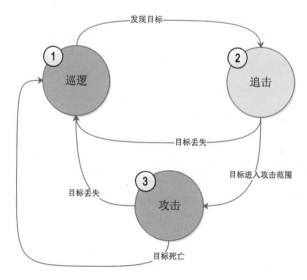

图 4.3　Killer 总体行为管理模块中的转换流程

也就是说，当 Killer 没有发现目标时，应该按照某一种方式对领地进行巡视。在巡视过程中，一旦发现目标，则会朝向目标进行追击。若追击到离目标足够近时，则对目标发起攻击，对目标造成伤害。但若在追击的过程中，目标逃出了视线，则 Killer 放弃追击，重新开始巡视领地。同样，假如在攻击目标的过程中，目标逃出了视线，则 Killer 也重新回到巡视领地的状态。而如果目标在被攻击的过程中死亡，则 Killer 亦会停止攻击，重新开始巡视领地。

4.1.2 "巡逻"行为的分析

这一节中，我们来对图 4.3 中的巡逻这个行为做进一步分析。

1. 巡逻路线的设置

为了完成对领地的巡逻，首先要设计巡逻的路线。一般有两种方法：第一种，让 Killer 沿固定路径巡视领地；第二种，让 Killer 随机行走。对于大部分游戏来说，第一种方法即可满足需要。因此，可以通过设置空物体的方式，给 Killer 设定一个巡视路径。

> 除了放空物体的方法，也可以放普通 3D Object，只需把 3D Object 的 Inspector 面板中的 Mesh Renderer 的钩形符号去掉，将其设为不可见即可。

如图 4.4 所示，在游戏平面上放置 4 个空物体当作巡逻点，（菜单栏 GameObject → Creat Empty）。为便于识别，将这 4 个物体改名为 Killer_waypoint_01、Killer_waypoint_02、Killer_waypoint_03、Killer_waypoint_04。由此，我们只要让 Killer 按照某种顺序访问这 4 个空物体，就可以实现按固定路径巡视。例如：Killer_waypoint_01 → Killer_waypoint_02 → Killer_waypoint_03 → Killer_waypoint_04 → Killer_waypoint_01 →……。

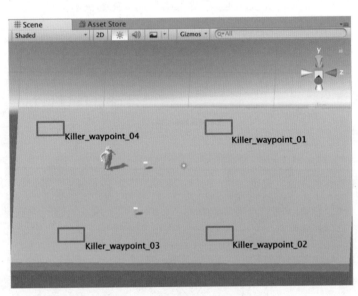

图 4.4　放置空物体当作巡逻点

2. "巡逻"的行为细节

Killer 在两种情况下会进入"巡逻"状态：第一种，游戏刚开始，Killer 还没发现 Hero 时，他应该在做巡逻动作；第二种，追丢了 Hero，或者把 Hero 打死之后，Killer 也应该重新开始做巡逻动作。无论是哪种情况下进入巡逻状态，Killer 的行为都可以归纳为一句话：首先找到最近的巡逻点，然后按路径开始巡视领地。进一步分解，可以发现这个"巡逻"行为内部还应该包含一些细节动作，如图 4.5 所示。

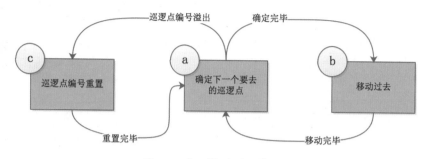

图 4.5 "巡逻"中的细节行为

一旦进入"巡逻"状态，首先就必须思考 Killer 目前该去哪个巡逻点，也就是从图 4.5 中的ⓐ开始执行。确定好要去的巡逻点之后，就朝该方向移动，即完成ⓑ。当 Killer 移动到这个巡逻点后，就应该再次思考 Killer 目前该去哪个巡逻点，也就是又回到ⓐ。

至于图 4.5 中的ⓐ，Killer 思考该去哪个巡逻点，这个行为实际上可以简单地用一个循环遍历来完成。将 4 个巡逻点放到一个数组中，如图 4.6 所示。

数组是一种用来存放多个相同类型的变量的集合体。其中的每一个变量就是该数组的一个成员。可以通过下标（index）来访问数组中的每一个成员。与 C++、Java 等语言相同，在 PlayMaker 中，数组的下标也是从 0 开始的。对图 4.6 中的数组 WayPointsArray 来说，WayPointsArray[0] 表示该数组中的第一个成员，也就是巡逻点 Killer_waypoint_01；WayPointsArray[3] 表示该数组中的最后一个成员，也就是巡逻点 Killer_waypoint_04。所以让 Killer 循环访问 WayPointsArray[0]→WayPointsArray[1]→WayPointsArray[2]→WayPointsArray[3]→WayPointsArray[0]→……就可以实现绕领地的不断巡视。

为此，我们用一个变量 index 来表示 WayPointsArray 数组的下标，并通过图 4.7 中的流程来达到循环遍历数组的目的。在这个流程中包含一个判断，即 index 是否大于 3。当 index 大于 3 时重置下标，即对应图 4.5 中ⓐ往ⓒ转变的过程。下标超出数组的最大下标范围，就被称为溢出。

如果按照图 4.7 所示的次序循环遍历所有巡逻点，那么 Killer 就是从第一个巡逻点 Killer_waypoint_01 开始巡逻的。但是因为在追击或者攻击的过程中，Killer 可能移动到游戏平面上的任何一个位置。所以假如因为目标对象死亡或者丢失而导致 Killer 重回巡逻状态，最合理的应该是从离 Killer 当前位置最靠近的巡逻点开始继续巡视整个领地，而不是从 WayPointsArray 数组中的第一个成员（index=0）开始。因此，我们后续还需要在图 4.7 所示的流程中增加一个判断最近的巡逻点的步骤。

注意图 4.7 中有两处给 index 赋值为 -1，而不是 0。

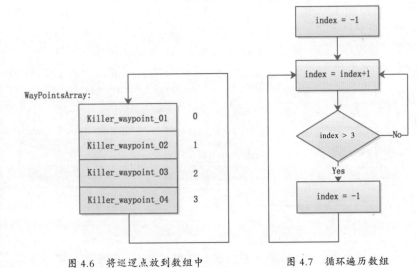

图 4.6 将巡逻点放到数组中　　　图 4.7 循环遍历数组

4.1.3 "追击"行为和"攻击"行为的分析

正因为何时在巡逻、追击、攻击三个行为之间转换的决策已经由总体行为管理模块来负责，所以单独来谈追击和攻击行为自身，就显得非常简单了。

对于图 4.3 中的追击行为来讲，可以直接分解成图 4.8 所示的两个动作：转向目标物体所在的位置、朝目标物体追过去。也就是说，一旦总体行为管理模块决定现在 Killer 应该要进入追击状态了，那么 Killer 就立刻面朝目标物体追过去就可以了。至于追到什么程度可以开始攻击了，或者追到什么程度可以停止不追了，这都属于总体行为管理模块该管的事，而不属于我们这儿讨论的追击行为中的事。

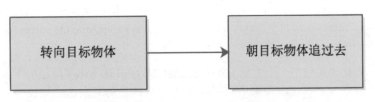

图 4.8 "追击"中的细节动作

同样，图 4.3 中的攻击行为也非常简单。当总体行为管理模块决定现在 Killer 应该进入攻击状态了，那么 Killer 立刻开始动手攻击对方就可以了。只是通常情况下，为了游戏效果更好，我们会让 Killer 的两次攻击动作之间有一个小小的间隔。所以攻击行为可以分解为图 4.9 中的两个细节动作。

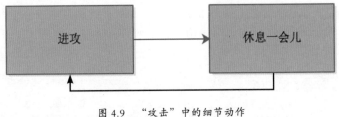

图 4.9 "攻击"中的细节动作

4.2 战斗型 NPC（Killer）的 PlayMaker 实现

4.2.1 从 Asset Store 导入角色

我们将在第 3 章中完成的游戏场景的基础上，继续进行本节的操作。所以首先打开上一章结尾时保存的场景 CH3，另存为场景 CH4。本章的所有操作都将在场景 CH4 中进行。

在上一章中，我们导入了一个自己在 3ds Max 中做的北极熊模型当作游戏中的 Hero。事实上，导入游戏的这些素材，除自己做以外，也能在 Unity 自带的资源库 Asset Store 中下载获取。这个资源库中含有大量免费或者付费获取的模型、骨骼等素材，可以通过 Unity 菜单栏中的 Window → General → Asset Store 直接访问，如图 4.10 所示。

> 为了便于查找，建议在 Assets 中新建一个名为 Scene 的文件夹，把所有场景都放在其中。

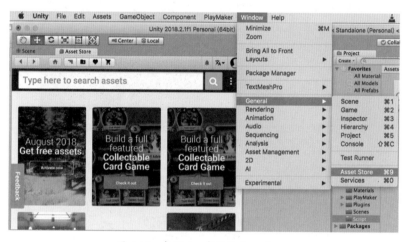

图 4.10　在 Unity 中访问 Asset Store

因为之前导入的北极熊 Hero 是 Low Poly 风格，所以这里我们在 Asset Store 中也选择一个免费的、具有相似风格的龙模型作为 Killer。直接在搜索栏中输入 battle dragon axe，选择免费版本。如图 4.11 所示，单击 Import 按钮，将该素材导入当前的项目。

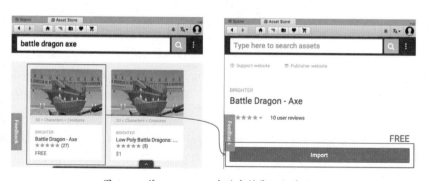

图 4.11　将 Asset Store 中的素材导入当前项目

成功导入之后，在 Project 面板的 Assets 中会多出一个名为 BattleDragon 的文件夹。如图 4.12 所示，可以看到，这个模型自带多个动画片段，可以逐一播放查看。但是它默认的动画类型是 Generic。为了在 PlayMaker 中操作起来方便，如图 4.13 所示，我们将它改为 Legacy 类型。

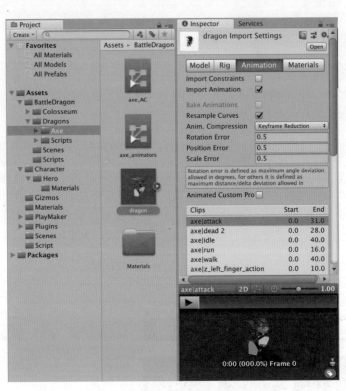

图 4.12　导入的龙模型

修改每个动画片段的 Wrap Mode：

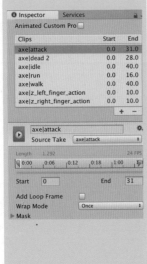

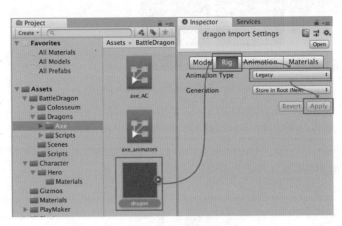

图 4.13　转为 Legacy 类型

然后需要给每一个动画片段设置 Wrap Mode，其中，axe|attack、axe|dead 2 的 Wrap Mode 都为 Once；axe|idle、axe|run、axe|walk 的 Wrap Mode 都为 Loop。

参考图 3.3 和图 3.4 中的方法，将这个模型放到 Scene 中，适当调整模型的大小，让它与 Hero 的比例基本如图 4.14 所示。并在 Hierarchy 面板中将这个新引入的龙改名为 Killer。

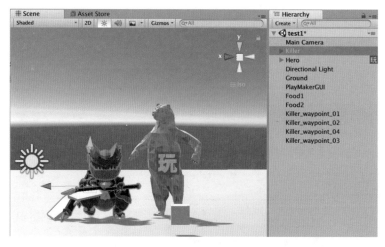

图 4.14 将 Killer 放到 Scene 中

4.2.2 Killer 的 FSM 结构

从之前的分析可知，Killer 的行为实际上可以通过两个层次来控制：第一层用来控制 Killer 的行为是如何在"巡逻""追击""攻击"这三个状态之间转换的；第二层则负责具体实现"巡逻""追击""攻击"这三个行为。

因此对应于这两个层次，如图 4.15 所示，我们给 Killer 一共设置 4 个 FSM：第一层用 Main FSM 来控制三种状态之间的转换；第二层分别用 Patrol FSM、Chase FSM 和 Attack FSM 来具体实现"巡逻""追击""攻击"这三个行为。

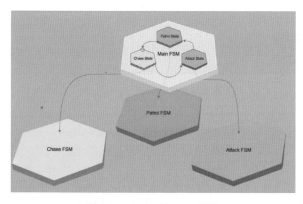

图 4.15 Killer 的 FSM 结构

具体操作如下：

① 在 Unity 的 Hierarchy 窗口中选中 Killer，并在菜单栏中打开 PlayMaker 编辑窗口（PlayMaker → PlayMaker Editor）。

② 在 PlayMaker 编辑窗口中，右击选择"Add FSM"，为 Killer 生成第一个 FSM，命名为 Main。

③ 如图 4.16 所示，通过"Add FSM to Killer"，给 Killer 再添加三个

FSM，分别命名为 Patrol、Chase 和 Attack。添加完毕后，如图 4.17 所示，Killer 共有四个 FSM。

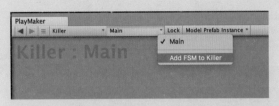

图 4.16　给 Killer 添加 FSM

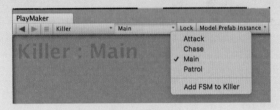

图 4.17　Killer 的所有 FSM

还有一个细节需要注意，如图 4.18 所示，如果在给导入的角色添加 FSM 之后，单击 State 发现有 Prefab Instance (modified) 的提示出现，这说明这个导入的模型是一个预制件的实例。此时需要在 Hierarchy 面板中选中这个导入的角色，并在 Unity 的菜单栏中选择 GameObject → Break Prefab Instance，彻底断开与预制件的链接。这样图 4.18 所示的 Prefab Instance 提示就不会再出现，我们也可以正常编辑了。

Prefab，也就是预制件，是一种可以重复使用的游戏对象。很多时候，我们需要在多个场景中重复使用一个游戏对象。这时就可以将这个对象做成预制件，也就是把这个游戏对象的模型、动作等全部打包成一个整体。这样当把预制件加入每一个需要的场景中时，也就是在这个场景中创造了预制件的一个实例。

图 4.18　提示 Prefab Instance

4.2.3　总体行为管理模块的实现（Main FSM）

Main FSM 主要负责实现"巡逻""追击""攻击"这三个行为的互相转换。因此，我们给 Main FSM 添加三个状态：Patrol（对应图 4.3 中的巡逻）、Chase（对应图 4.3 中的追击）和 Attack（对应图 4.3 中的攻击）。进一步分析可知，决定 Killer 什么时候由一个状态转换至另一个状态的关键，是他与 Hero 之间的距离。当 Hero 没有靠近 Killer 时，Killer 应该是在自己巡逻；当 Hero 与 Killer 之间的距离近到一定程度时，Killer 发现 Hero 的存在，开始追击 Hero；当两者之间距离缩小到另一个阈值时，Killer 就认为足够近而可以开始攻击 Hero 了。当然，在攻击或者追击的过程中，也可能发生因为 Hero 逃跑得太快而跑出攻击范围的情况。这种情况下 Killer 就重新开始追击。如果 Hero 又跑出了追击范围，那么 Killer 就进行常规巡逻。所以，Main FSM 中还需要设置有存储距离的变量。同时，三个状态的转换应该如图 4.19 所示。

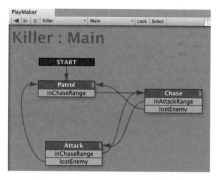

图 4.19　Main FSM 中的状态转换

具体操作如下：

① 将 Main FSM 中的 State 1 改名为 Patrol，右击选择 "Add State" 再添加两个 FSM，分别命名为 Chase 和 Attack。

② 如表 4.1 所示，在 Events 和 Variables 中添加三个自定义事件和五个变量，并按照图 4.19 进行转换。请注意表 4.1 中各变量的数据类型（Type）。

在所有变量中，attackRange 为 Killer 的攻击范围，chaseRange 为 Killer 的追击范围，enemy 为 Killer 要追击或攻击的目标对象，distanceToEnemy 为 Killer 与 enemy 之间的实时距离，isAlive 则用来存放 enemy 是死还是活的状态。可以给 attackRange 和 chaseRange 分别设初值 2.5 和 10。

变量 attackRange 和 chaseRange 的初始值可以根据自己的模型大小来自行设置。

标准：当 Killer 和 Hero 之间的距离为 attackRange 时，他们没有碰到，但是各自做攻击动作时能碰到对方。

表 4.1　Main FSM 中的 Events 和 Variables

	FSM	State	Events	Variables
Events			Event	Used
			inAttackRange	1
			inChaseRange	2
			lostEnemy	2
Variables	Name	Used	Type	
	attackRange	0	Float	
	chaseRange	3	Float	
	distanceToEnemy	5	Float	
	enemy	2	GameObject	
	isAlive	0	Bool	

③ 如表 4.2 所示，给状态 Patrol 添加必要的动作函数，共有 3 个。

- *Enable FSM*，用来激活 Patrol FSM。其中勾选 Enable 处，表示激活该 FSM。
- *Find Closest*，这个动作之前我们已经用到过。此处用来寻找离 Killer 最近，而且 Tag 为 Player 的物体，将它保存在变量 enemy 中，并将 Killer 与它之间的实时距离存放在 distanceToEnemy 中。
- *Float Compare*，用来不停地比较 distanceToEnemy 与 chaseRange 之间的距离，一旦 distanceToEnemy < chaseRange，

Enable 处如果不勾选，表示禁用该 FSM。

此处请再次检查 Hero 的 Inspector 面板中是否已将 Tag 设为 Player。如果没有，请勾选。否则会出错。

这里的 *Find Closest* 和 *Float Compare* 中的 Every Frame 都必须要勾选。表示每一帧都要重新找最接近自己的敌人，并更新敌人与自己的距离。

则表明 Killer 已经看见目标，随即触发 inChaseRange 事件，将状态转换至 Chase。

④ 按表 4.2，给状态 Chase 添加必要的动作函数，共有 4 个。

- *Enable FSM*，用来激活 Chase FSM；
- *Get Distance*，用来测量自身与目标 enemy 之间的实时距离，并存放在 distanceToEnemy 中。
- *Float Compare*，共使用了两次。第一次用来比较 distanceToEnemy 的值是否比 chaseRange 大。若大于 chaseRange，表明目标丢失，则触发 lostEnemy 事件，返回 Patrol 状态。第二次用来比较 distanceToEnemy 和 attackRange 的值。若大于 attackRange，表明目标进入攻击范围，则触发 inAttackRange 事件，进入状态 Attack。

⑤ 如表 4.2 所示，给 Attack 状态添加必要的动作函数，共有 5 个。

- *Enable FSM*，用来激活 Attack FSM；
- *Get Distance*，用来测量自身与目标 enemy 之间的实时距离，并存放在 distanceToEnemy 中。
- *Float Compare*，用来比较 distanceToEnemy 的值是否比 attackRange 的大。若大于 attackRange，则触发 inChaseRange 事件，返回 Chase 状态。
- *Get FSM Bool*，这个动作用来获取另一个 FSM 中的指定布尔型变量的值。此处 Game Object 选择 enemy，在 FSM Name 和 Variable Name 中分别手动写上 Health 和 isAlive，表明获取 Health FSM 中的布尔型变量 isAlive 的值，并将之赋给本 FSM（即 Main FSM）中的变量 isAlive。
- *Bool Test*，此处用来判断变量 isAlive 的值是真还是假。若为假，表明 enemy 已死亡，也会触发 lostEnemy 事件，返回 Patrol 状态。

> 将两个变量取相同的名字，是为了表明它们之间的关系。并不是一定要取一样的名字。

表 4.2　Patrol、Chase 和 Attack 这三个状态中的动作

Patrol 状态	

Chase 状态

Attack 状态

请注意这些动作的 Every Frame 选项都要勾选。

正在执行的状态会由绿框高亮显示。

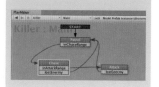

至此，Main FSM 就全部设置完了。为了检测 Main FSM 是否正确，可以运行整个游戏，指挥 Hero 从远处走近 Killer，然后再离开。如果设置正确的话，应该可以观察到，Main FSM 的执行状态会有一个从 Patrol 转移至 Chase、再转移至 Attack 的过程。随着 Hero 的远离，执行状态又会先回到 Chase 状态，再回到 Patrol 状态。

如果在游戏运行过程中发现，无论 Hero 靠得离 Killer 多近，状态都无法转至 Attack，甚至无法转至 Chase，那么就需要检查一下是不是因为 attackRange 和 chaseRange 的值设置得太小了。如图 4.20 所示，可以在 PlayMaker 的 Variables 中将 distanceToEnemy 的 Inspector 勾选上，这样在 Unity 的 Inspector 面板上会出现这个变量，在运行游戏的过程中就可以一边指挥 Hero 移动，一边实时观察 Hero 与 Killer 的距离。根据这个距离，再将 attack Range 和 chase Range 调整至合适的值。

> 在 Inspector 面板上显示出变量的值，是 PlayMaker 中一个很有用的调试方法。通过实时观察某些变量的值，可以了解 PlayMaker 中的动作流程是否对。

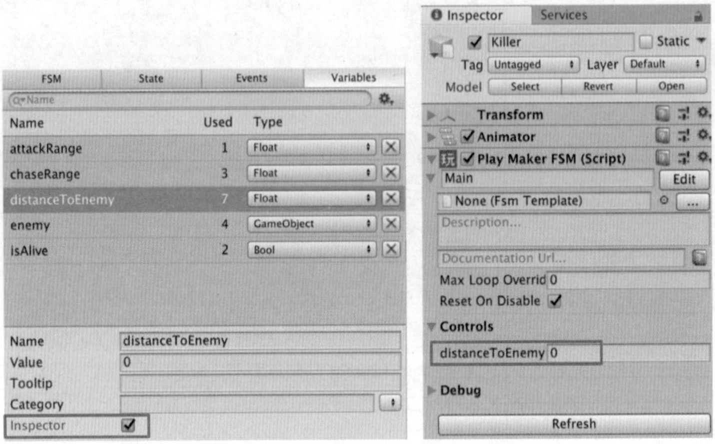

图 4.20　在 Inspector 面板上实时显示变量的值

4.2.4 "巡逻"行为的实现（Patrol FSM）

根据 4.1.2 节中的分析，Patrol FSM 中的任务可以归纳为：首先找出当前离 Killer 最近的巡逻点，然后从这个巡逻点开始，按某一路径巡视领地。因此，我们给 Patrol FSM 添加四个状态：Get the Nearest Waypoint、Move、Get the Next Waypoint 以及 Reset the Waypoint Count，并让他们按照图 4.21 进行状态转换。

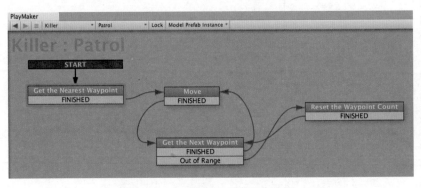

图 4.21　Patrol FSM 中的状态转换

也就是说，首先找出最近的巡逻点（Get the Nearest Waypoint），然后进入移动状态（Move）。若移动完毕（即已经到达要去的巡逻点），则开始计算下一个要去的巡逻点的编号（Get the Next Waypoint）。若计算得出的编号溢出，则进入重置编号状态（Reset the Waypoint Count）。若没有溢出，则进入移动状态。

具体操作如下:

① 将 Patrol FSM 中的 State 1 改名为 Get the Nearest Waypoint,并生成另外三个状态,分别命名为 Move、Get the Next Waypoint 以及 Reset the Waypoint Count。

② 如表4.3所示,在Events中添加一个自定义事件,并按照图4.21进行转换。

表 4.3 Patrol FSM 中的 Events 和 Variables

Events	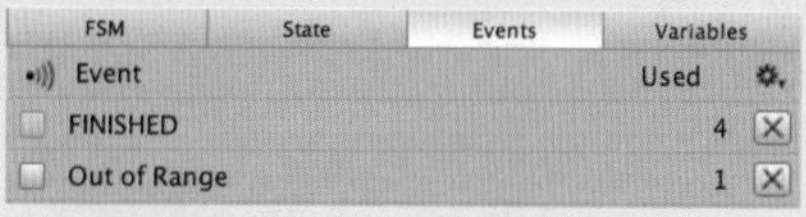 Event / FINISHED 4 / Out of Range 1
Variables	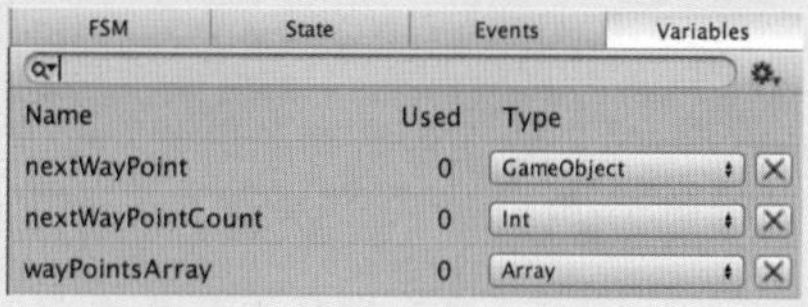 nextWayPoint 0 GameObject / nextWayPointCount 0 Int / wayPointsArray 0 Array

③ 如表 4.3 所示,在 Variables 中添加 3 个变量。其中,nextWayPoint 为下一个要访问的巡逻点,nextWayPoint Count 为该巡逻点的编号,wayPointsArray 则是存放所有巡逻点的数组。在 wayPointsArray 中,如图 4.22 所示,Array Type 设为 Game Object,表明数组中每个成员都是一个 Game Object 类型。同时将 wayPointsArray 的 size 设为 4。

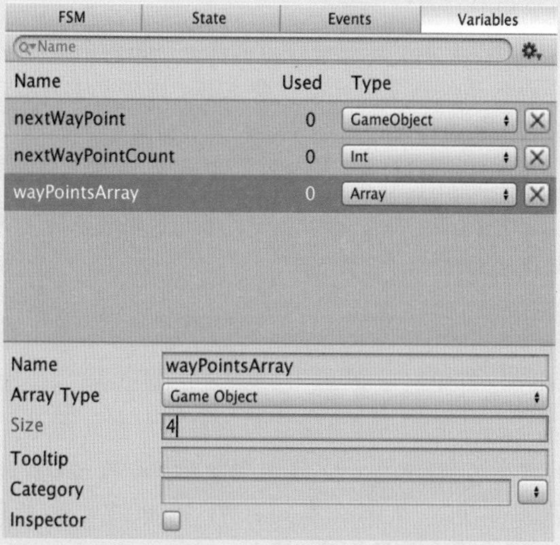

图 4.22 变量 wayPointArray 的设置

回到 Unity 的 Scene 界面中,再次确认已经按照 4.1.2 节中的方法,在游戏平面上放置了 4 个空物体作为巡逻点,并且命名为 killer_waypoint_01、killer_waypoint_02、killer_waypoint_03、killer_waypoint_04,将这 4 个空物体的 Tag 都设为 WayPoint。如图 4.23 所示,从 Unity 界面中将这 4 个巡逻点拖入 PlayMaker 中刚创建的 wayPointsArray 数组中,完成对 wayPointsArray 数组的赋值。

把空物体的 Tag 设为 WayPoint:

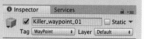

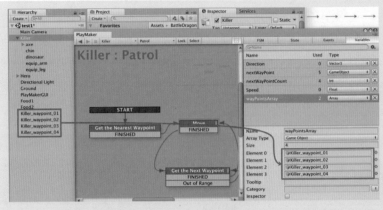

图 4.23 给 wayPointsArray 数组赋值

④ 如表 4.4 所示，给 Get the Nearest Waypoint 状态添加 2 个动作函数。

- *Find Closest*，此处用来找出所有 Tag 为 WayPoint 的物体中离自身最近的那个，将该物体存放在 nextWayPoint 中。

- *Array Contains*，这个动作用来查找指定的数组中是否含有某个指定的元素，如果有，就返回这个元素在数组中的下标。此处用来从 wayPointsArray 数组中找到与 nextWayPoint 中相同的物体，并将其下标存放在 nextWayPointCount 中。

⑤ 如表 4.4 所示，给 Move 状态添加 3 个动作。

- *Play Animation*，播放 Killer 行走时的动画。将 Anim Name 选为 axe|walk。

- *Smooth Look At*，这个动作用来让一个物体平滑地转向至另一个指定的物体或位置。此处，使 Killer 转向要去的巡逻点。Speed 用来设置转向时的速度，此处设为 5。

- *Move Towards*，这个动作用来让一个物体朝某个方向移动。此处，使 Killer 往 Target Object 所表示的巡逻点走去。Max Speed 为行走时的速度，设为 5。

⑥ 如表 4.4 所示，给 Get the Next Waypoint 状态添加 2 个动作。

- *Int Add*，让 nextWayPointCount 的值增加 1。

- *Array Get*，这个动作用来从指定数组中获取指定位置的成员。此处用来从 wayPointsArray 数组中把下标为 nextWayPointCount 的成员取出，并保存在 nextWayPoint 中。也就是说，获取 Killer 下一个要访问的巡逻点。

⑦ 如表 4.4 所示，给 Reset the Waypoint Count 添加 1 个动作。

- *Set Int Value*，强制让 nextWayPointCount 的值等于 −1；这是因为 Reset the WayPoint Count 状态将转至 Get the Next Waypoint 状态，而该状态中要做的第一件事就是把 nextWayPointCount 的值增加 1。对于 wayPointsArray 数组来说，下标的最小值为 0。所以此处必须让 nextWayPointCount 等于 −1。

表 4.4 Patrol FSM 中 4 个状态的动作

状态	动作设置	备注
Get the Nearest Waypoint 状态	**Find Closest**: Game Object = Use Owner, With Tag = WayPoint, Ignore Owner = ✓, Must Be Visible = ☐, Store Object = nextWayPoint, Store Distance = None, Every Frame = ☐。**Array Contains**: Array = wayPointsArray, Value = nextWayPoint, Result Index = nextWayPointCount, Is Contained = None, Is Contained Event = (空), Is Not Contained Event = (空)	
Move 状态	**Play Animation**: Game Object = Use Owner, Anim Name = axe|walk, Play Mode = Stop All, Blend Time = 0.3, Finish Event = (空), Loop Event = (空), Stop On Exit = ☐。**Smooth Look At**: Game Object = Use Owner, Target Object = nextWayPoint, Target Position = None, Up Vector = None, Keep Vertical = ✓, Speed = 5, Debug = ☐, Finish Tolerance = 0.2, Finish Event = (空)。**Move Towards**: Game Object = Use Owner, Target Object = nextWayPoint, Target Position = None, Ignore Vertical = ✓, Max Speed = 5, Finish Distance = 0.2, Finish Event = FINISHED	Target Object 和 Target Position 一般两个中只填一个。请特别注意 Target Position 设为 (0, 0, 0) 与设为 None 是不一样的。此处如果设为 (0, 0, 0) 会造成错误。
Get the Next Waypoint 状态	**Int Add**: Int Variable = nextWayPointCount, Add = 1, Every Frame = ☐。**Array Get**: Array = wayPointsArray, Index = nextWayPointCount, Store Value = nextWayPoint, Every Frame = ☐。Events: Index Out Of Range = Out of Range	在给每个状态添加动作时，请注意这些动作的先后顺序。比如这里，动作 Int Add 就一定要放在动作 Array Get 之前。

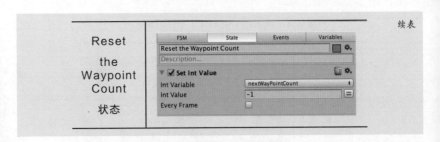

为了检查 Patrol FSM 是否正确,请将北极熊 Hero 放到远离 4 个空物体的地方,防止因为 Killer 靠近 Hero 而进入 Chase 等状态,然后运行整个项目。如果正确,则应该可以观察到 Killer 开始绕预定的 4 个空物体做巡视。读者可以尝试在运行前把 Killer 放到不同的位置上,无论 Killer 的初始位置在哪儿,他都应该会从离他最近的巡逻点开始巡视。

4.2.5 "追击"行为的实现(Chase FSM)

根据 4.1.3 节的分析,Chase FSM 中的行为相对比较简单。进入 Chase FSM 之后,Killer 只需要做一件事:朝目标 enemy 跑过去。因此,该 FSM 中只有一个状态 Run,如图 4.24 所示。

图 4.24　Chase FSM 中的状态转换

因为只有一个状态,所以不存在状态之间的转换,因此也无须设置 Events。但是这里有个问题值得注意,即我们追击的目标 enemy 该如何确定?回顾 4.2 节开始到现在的内容,在已经实现的 Main FSM 中,有一个变量 enemy 用来指代 Killer 要去追击或攻击的对象,而且通过 Find Closest 函数进行了赋值。但是比照其他编程语言(例如 C++、Java 等)中的概念,这个 enemy 是 Main FSM 中的局部变量,也就是说其他 FSM 中并不能直接使用这个变量。在现在要处理的 Chase FSM 中,需要知道追击的目标是谁,也就是说我们想在 Chase FSM 中获取 Main FSM 的 enemy 变量的值。为了实现这个目的,如图 4.25 所示,首先在 Chase FSM 中增加一个变量,命名为 enemy,数据类型为 Game Object。取相同名字的原因只是为了表达 Chase FSM 中的 enemy 的值是从 Main FSM 中的 enemy 传过来的,而并非不取相同的名字就会错。

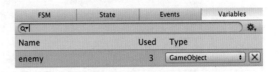

图 4.25　Chase FSM 中的变量

具体操作如下：

① 根据图4.25，给Chase FSM增加一个名为enemy的变量，数据类型为GameObject。

② 将Chase FSM中的State 1改名为Run。按表4.5给这个状态添加4个动作函数。

- *Get FSM Game Object*，这个动作专门用来获取其他FSM中的局部变量。此处用来将Main FSM中的enemy的值存进自己这个FSM（也就是Chase FSM）的enemy变量里。注意Every Frame需要勾选上，表示实时从Main FSM中更新enemy的值。

- *Play Animation*，播放Killer奔跑时的动画。Anim Name选择axe|run。

- *Smooth Look At*，使Killer转向enemy所在的位置。此处Speed设为10。

- *Move Towards*，此处用来使Killer向enemy跑去。Max Speed设为10。可以回顾一下Patrol FSM中的Move Towards方法，其Max Speed设为5了。而此处Max Speed为10，表示追击的时候移动速度要比普通巡逻时速度快，这样比较符合常理。

表4.5 Run状态中的动作

Run状态	

至此，理论上 Killer 已经能巡视整个领地了，并在发现目标时追击目标。但是如果此时运行游戏，可能出现以下现象：就算把 Killer 的初始位置放在距离 Hero 很远的地方，甚至距离大于 chaseRange，Killer 也会立刻朝 enemy 移动过去。这与我们的预期并不一致。而且，假如把 Chase FSM 中 Run State 里的 Move Towards 速度值改小，有很大概率会出现更奇怪的现象：Killer 在向巡逻点移动时没有按照直线行进，而是按照一个很奇怪的弧线行进。进一步观察后发现，如图 4.26 所示，项目一旦开始运行，Killer 的 4 个 FSM 都进入了运行状态，甚至是目前还未做任何设置的 Attack FSM 也开始了运行，并且停在了 State1 状态。这种现象与 4.2.2 节中的设想完全不同。在我们的设想中，当项目开始运行时，首先应该只有 Main FSM 在运行，而 Patrol FSM、Chase FSM 和 Attack FSM 是否运行、何时运行，都应该由 Main FSM 来控制。而现在，所有 FSM 没有先后次序地同时运行，是造成 Killer 移动异常的原因。

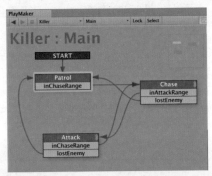

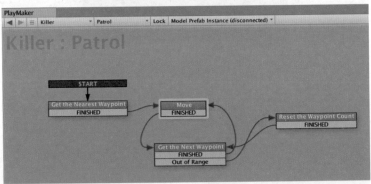

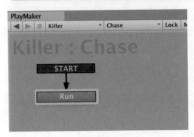

图 4.26　所有 FSM 同时运行而造成错误

解决这个问题的方法非常简单，Unity 的 Inspector 栏中的各种设置，就相当于给 PlayMaker 中用到的各种函数赋初始值。如图 4.27 所示，此处只需在 Unity 的 Inspector 栏中将 Patrol FSM、Chase FSM 和 Attack FSM 禁用，只保留 Main FSM 前面的钩形符号，即表明游戏开始运行后只执行 Main FSM，至于其他 FSM 何时执行，都由 Main FSM 来控制。至此，项目就能正常运行了。

图 4.27　在 Inspector 中给各 FSM 赋初值

只有那些在游戏一开始运行就必须执行的 FSM 才可以在 Inspector 面板中勾选。

4.2.6　"攻击"行为的实现（Attack FSM）

按照 4.1.3 节中的分析，只要进入 Attack FSM 之后，Killer 就会对 enemy 进行会造成伤害的攻击。为了游戏效果看得更清楚，我们让 Killer 的两次攻击动作之间有一个小小的间隔。因此，在 Attack FSM 中设置 Beat 和 Rest 两个状态，并按图 4.28 所示进行状态转换。

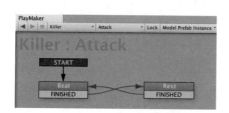

图 4.28　Attack FSM 中的状态转换

同时，与 Chase FSM 一样，Attack FSM 中也需要设置一个变量 enemy，用来将 Main FSM 中 enemy 的值保存至 Attack FSM 中，作为攻击的目标。

事实上，对于 Killer 来说，只有 Main FSM 真正知道 enemy 是谁，而其他的诸如 Chase FSM、Attack FSM 都必须从 Main FSM 那儿获知要追的或者要攻击的对手是谁。

具体操作如下：

① 给 Attack FSM 增加一个名为 enemy 的变量，数据类型为 Game Object。

② 将 Attack FSM 中的 State 1 改名为 Beat。按表 4.6 所示的 Beat 状态添加 3 个动作函数：

- *Get Fsm Game Object*，用来将 Main FSM 中的 enemy 的值存进自己这个 FSM 的 enemy 变量里。在 Every Frame 后勾选。
- *Smooth Look At*，保证 Killer 在攻击目标时是面向 enemy 的。此处 Speed 设为 10。

- *Play Animation*，此处用来播放 Killer 攻击时的动画。Anim Name 设为 axe|attack。

③ 添加一个名为 Rest 的状态。按表 4.6 所示给 Rest 状态添加 1 个动作函数。

- *Random Wait*，这个动作用来延迟一个指定的时间段。这里，Min 设为 1，Max 设为 2，表示让 Killer 随机休息 1 ~ 2 秒。勾选 Real Time，表示暂停的时间以现实中的秒为单位。

表 4.6　Beat 状态和 Rest 状态中的动作

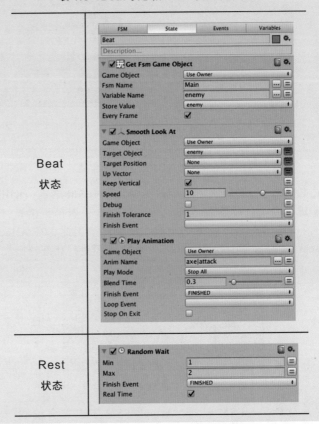

请注意，此处 Play Animation 中的 Finish Event 一定要设为 FINISHED，表明当播完动画后就结束 Beat 状态，转至 Rest 状态。如果该处不设为 FINISHED，那么会因为始终不停地在做 Smooth Look At 动作而无法结束 Beat 状态，从而也无法转至后面的 Rest 状态。

至此，如果设置全部正确，运行项目可以发现，当 enemy 进入 Killer 的攻击范围时，Killer 会挥斧攻击对方。完成一次攻击之后，Killer 会稍事休息，然后继续攻击。

只有一个问题：目前 enemy 无论受到 Killer 多少次攻击，也不会受伤或者死亡。如何让 Killer 对 enemy 造成真正的伤害，这就需要将这一章的 Killer 与上一章的 Hero 之间建立联系。下一节我们将对此进行讨论。

4.3　Hero 与 Killer 之间的互动

无论在哪种类型的游戏中，玩家控制角色与非玩家控制角色之间的互动，都是整个游戏中非常重要的娱乐点。非玩家控制角色的类型有多种，他们之间的互动类型也有很多种。对于战斗型 NPC 来说，他们与玩家控制角色之间的互动基本就是互相攻击与躲避。

为了衡量攻击的结果，游戏中的 Hero 和 Killer 通常都有某种类型的生命系统，一般都用"血条"来表示。每当 Hero 被击中一次，生命值就会下降一点。直至生命值为 0 时，Hero 宣告死亡，整个游戏任务失败。反过来，每当 Killer 被击中一次，它的生命值也会下降一点。当 Killer 的生命值降至 0 时，那么表示 Hero 胜出。

为了实现上述这些效果，就必须让 Hero 和 Killer 都能感知到自己是否击中了对方，并能在击中时强制让对方的生命值下降。因此，对于 Hero 和 Killer，本节中都按照两方面去实现：（1）建立完整的生命系统，能在被击中时减少生命值，生命值为 0 时死亡；（2）具有感知是否击中对方的能力。

4.3.1 Hero 的生命系统

一般情况下，作为一个有生命的物体，在开始游戏时，系统会给 Hero 设置一个初始的生命值。随着游戏的进行，每遭受一次攻击，Hero 的生命值就会下降一定量。如果做得复杂一些，不同种类的攻击还应该对 Hero 的生命值造成不同程度的下降。另外，系统还应该随时监测 Hero 的生命值，一旦生命值为 0，就应该让 Hero 死亡，停止 Hero 的一切行为，并通知其他相关角色，便于他们做出相应的反应。例如，Hero 死亡后，Killer 就应该停止继续攻击或者追击 Hero，转而去做其他事。而游戏本身也该考虑是整个游戏结束了，还是这一局游戏结束。

Hero 生命系统的逻辑可以按照图 4.29 所示进行设计。

> 通常游戏中都会给 Hero 设置多于一条命，以此来增加娱乐性。也就是说，Hero 不会死一次就使整个游戏结束，而可以复活两次左右。关于复活的内容，将在 6.3.2 节中详细讲述。

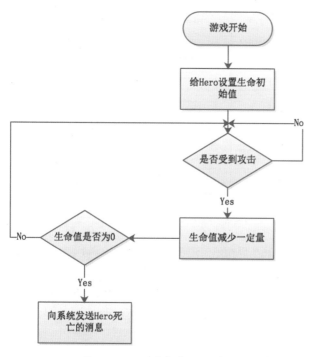

图 4.29　Hero 生命系统的逻辑

下面对 3.2.6 节中的 Health FSM 进行详细设计，完善其功能，一共设置六个状态：Initialize（给生命值赋初值）、Hurt Check（检测是否受到攻击）、Hurt（让生命值减少）、Health Check（检测生命值是否为 0）、Reset 或者 Dead（宣告死亡）。用这些状态来实现图 4.29 中的逻辑。

具体操作如下：

① 打开 Hero 的 Health FSM，一共设置 6 个状态：Initialize、Hurt Check、Hurt、Health Check、Reset 和 Dead。

② 如表 4.7 所示，在 Events 中添加 3 个自定义事件，并按照图 4.30 进行状态转换。

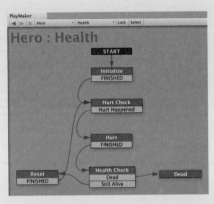

图 4.30　Health FSM 中的状态转换

表 4.7　Health FSM 中的 Events 和 Variables

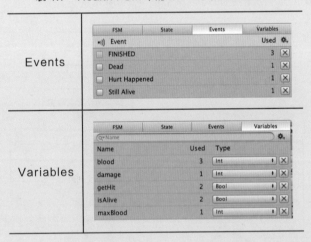

这里将 maxBlood 设初始值为 20。大家也可以根据自己的游戏设定来设置。

此处变量 damage 的值应该设为一个负数。但这个值显然不应该由 Hero 自身来设置，而应该在 Hero 遭受到攻击时，由攻击他的对手来通知 Hero 这次攻击该扣掉多少生命值。所以我们将在后面的内容中来设置这个变量的值。

③ 如表 4.7 所示，设置 5 个变量。注意 getHit 的初始值应该设为 False，isAlive 的初始值设为 True。maxBlood 表示 Hero 初始化时的生命值，也就是"满血"时的生命值。blood 用来表示当前 Hero 还有的生命值，damage 表示每一次攻击会使 Hero 生命值下降的量，getHit 用来表示 Hero 是否遭受到攻击，isAlive 表示 Hero 当前是否已经死亡。

④ 如表 4.8 所示，给 Initialize 状态添加 3 个动作。

- *Set Tag*，这个动作用来给指定对象打上某种标签。这里用来确保 Hero 已被打上 Player 的标签。
- *Set Int Value*，这个动作用来给一个整型变量赋值。此处用来让 Hero 的当前生命值等于其初始生命值。
- *Set Bool Value*，这个动作用来给一个布尔型变量赋值。此处用来确保 Hero 的当前状态被设为"活着"。

⑤ 如表 4.8 所示，给 Hurt Check 状态添加 1 个动作。
- *Bool Test*，此处用来检测 getHit 是否为真，若为真，则表明受到了攻击。注意此处应勾选 Every Frame，以起到随时监控的目的。

⑥ 如表 4.8 所示，给 Hurt 状态添加 2 个动作。
- *Play Animation*，此处用来播放 Hero 遭受攻击时的动画，Anim Name 设为 hurt。
- *Int Add*，让 Hero 的生命值减少 damage。

⑦ 如表 4.8 所示，给 Health Check 状态添加 1 个动作。
- *Int Compare*，比较 Hero 的生命值是否已为 0。此处 Every Frame 必须勾选，因为要不停地检测以便在第一时间发现 Hero 死亡。

⑧ 选中 Reset 状态，这个状态专门用来将 getHit 的值重设为 False。添加这个操作的原因，是因为按照逻辑，只有在 Hero 遭受到攻击并且还没有死亡的情况下，才会激活这个 State。也就是说，此时 getHit 的值必定已经是 True。而既然 Hero 还活着，那么接下来又会回到 Hurt Check 状态，不断去检测是否受到了攻击。但倘若在回到 Hurt Check 之前没有将 getHit 由 True 改回 False，那么就算没有再次受到攻击，Hurt Check 状态中也会因为 getHit 为 True 而误以为 Hero 又受到攻击了。因此，按表 4.8 所示为这个状态添加 1 个动作。
- *Set Bool Value*，将 getHit 重新设为 False。

⑨ 如表 4.8 所示，为 Dead 状态添加 6 个动作函数。
- *Set Bool Value*，将 isAlive 设为 False，明确标注 Hero 已死亡。
- *Set Tag*，将 Hero 的 Tag 设为 Dead Player（需要在 Unity 的 Inspector 栏中首先增加一个新的 Tag，命名为 Dead Player）。这么做的目的，是因为 4.2.3 节中，我们在 Killer 的 Main FSM 的 Patrol 状态中是通过 *Find Cloest* 函数将最近的具有 Tag 为 Player 的物体作为攻击目标的。当 Hero 死亡之后，如果不把他的 Tag 改为其他值，那么对于 Killer 来说，仍旧会把这个已经死亡的 Hero 当作自己的攻击目标继续攻击。而这么做显然不合理。
- *Play Animation*，播放 Hero 倒地死亡的动画。
- *Enable FSM*，一共使用了 5 次，目的分别为禁用 Hero 的 Walk、Rotate、Attack、Jump 和 Pick 这五个个 FSM。也就是

添加新的 Tag：

让 Hero 不再对键盘上的各种键产生响应。注意，不勾选 Enable FSM 中的 Enable，就表示禁用这个 FSM。

表 4.8　Health FSM 中的动作

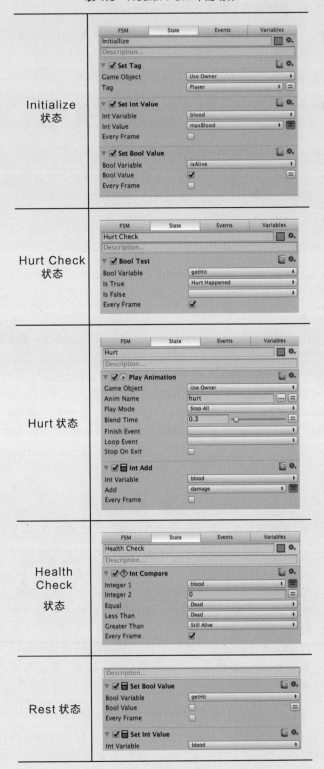

对于 *Set Bool Value* 来说，在 Bool Value 处不勾选，表示将这个变量设为 False。若勾选，表示将它设为 True。

续表

Dead 状态	（截图：Dead 状态的 FSM 配置，包含 Set Bool Value、Set Tag、Play Animation、多个 Enable FSM 等动作）	若勾选 Enable，表示激活这个 FSM。若不勾选 Enable，表示禁用它。

4.3.2 Killer 攻击 Hero 时的碰撞检测

当已经有了会做出攻击动作的 Killer，以及具有生命系统的 Hero 之后，就可以让 Hero "感受"到 Killer 的攻击了。我们以一种简单的方式来说明这个问题：只要 Killer 碰到 Hero 了，就表明攻击已奏效。因此对于 Hero 来说，需要检测 Killer 与他自己之间的碰撞。

为了不破坏 Killer 原有的结构，我们在 Unity 的 Scene 面板中增加两个 Cube 物体（菜单栏 Game Object → 3D Object → Cube），命名为 Killer_Collider1 和 Killer_Collider2，并将它们的 Tag 都设为 Killer。如图 4.31 所示，调整这两个新增立方体的厚度和位置，让它们分别与两个斧子大致重合（Killer 所使用的武器）。

创造 Killer_Collider1 和 Killer_Collider2 的目的，是让它们替 Killer

图 4.31 给 Killer 罩上碰撞检测物

为了看得清楚，图 4.31 中把龙模型设为不可见，并把新增的两个立方体设为蓝色。在实际操作中，其实这两个立方体完全无所谓是什么颜色，因为它们之后会被设置为不可见。

去跟 Hero 碰撞，并将已经碰撞的消息传递给 Hero。所以我们要将这两个立方体分别与两个斧子绑在一起。在 Unity 中，将两个物体始终绑在一起的方法，就是把一个物体设为另一个物体的子物体。

因此，在 Scene 面板中选中右斧，在 Hierarchy 中可以看到它的名字为 axe_right。如图 4.32 所示，将 Killer_Collider1 拖至 axe_right 之上，也就是将 Killer_Collider1 设为 axe_right 的子物体。这样，Killer_Collider1 就始终将与右斧一起移动了。用同样的方法，将 Killer_Collider2 也设为 axe_left 的子物体。

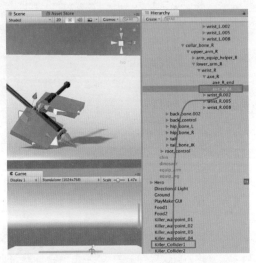

图 4.32　将 Killer_Collider 设为斧子的子物体

绑定完毕后，就可以将 Killer_Collider1 和 Killer_Collider2 设为不可见了。方法很简单，在这两个物体的 Inspector 面板中，不勾选各自的 Mesh Renderer 属性即可。同时在 Inspector 面板中，给 Killer 设置为"is Trigger"。如图 4.33 所示。

如果一个碰撞体的 is Trigger 被勾选，表示这个碰撞体是可穿透的，而穿透的同时会以事件方式通知其他对象。

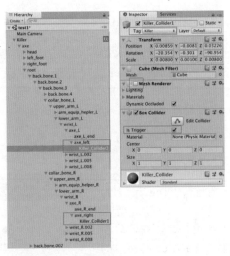

图 4.33　Killer_Collider1 和 Killer_Collider2 在 Unity 中的设置

为了让 Killer_Collider1 和 Killer_Collider2 能不断检测是否已经撞到 Hero，并且把撞到的消息传递给 Hero，我们在 PlayMaker 中给他们各自设置一个 FSM，专门用来负责检测碰撞，并且传递碰撞的消息。下面以 Killer_Collider1 为例说明。

具体操作如下：

① 给 Killer_Collider1 设置一个名为 Collide Manage 的 FSM，并在其中设置两个状态，分别命名为 Collide Test 和 Send Collide Message。

② 如表 4.9 所示，给这个 FSM 添加 1 个用户自定义事件，以及 1 个变量，并按照图 4.34 所示进行状态转换。其中变量 enemy 中将要存放的是与 Killer_Collider1 发生碰撞的对象。

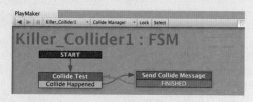

图 4.34　Collide Manage FSM 中的状态转换

表 4.9　Collide Manage FSM 中的 Events 和 Variables

Events	FSM / State / Events / Variables Event　　　　　　Used ☐ FINISHED　　　　1 ☐ Collide Happened　1
Variables	FSM / State / Events / Variables Q Name Name　　Used　Type enemy　　0　　GameObject

③ 如表 4.10 所示给 Collide Test 状态添加 1 个动作。

● *Trigger Event*，这个动作用来检测某个带 Trigger 的对象是否与另一个指定的物体发生了碰撞。此处将 Trigger 设为 On Trigger Enter，Collide Tag 设为 Player，表示一旦标签为 Player 的物体进入这个 Killer_Collider1（也就是碰到 Killer_Collider1），那就触发事件 Collide Happened，并把撞到的物体保存在变量 enemy 中。

④ 如表 4.10 所示为 Send Collide Message 状态添加 2 个动作。

● *Send Fsm Bool*，这个动作用来给另一个指定的 FSM 中的某个布尔类型的变量赋值。此处，Game Object 选择为 enemy，也就是撞到 Killer_Collider1 上的那个物体，正常情况下就是游戏中的 Hero。Fsm Name 和 Variables Name 必须要手动写进去，并不是通过下拉菜单选择的。勾选 Set Value 表示传递出去的是"真"值。用在这里表示将 Hero 的 Health FSM 中的 getHit 的值设为真，也就是通知 Hero 已经被成功击中了。

● *Set Fsm Int*，将 Hero 的 Health FSM 中 damage 的值设为 −10，也就是通知 Hero 将自己的生命值减去 10。

在这里才设置 Hero 的 Health FSM 中变量 damage 的值，是

因为假如 Killer 有好几种攻击 Hero 的方法，比方拿着武器攻击 Hero，以及直接用拳头攻击 Hero，这两种攻击方式对 Hero 造成的 damage 值肯定是不同的。那么如果直接在 Hero 的 Health FSM 中设置 damage 的值，就必须设置两个：一个 damage1，对应武器攻击造成的伤害；一个 damage2，对应拳头攻击造成的伤害。也就是说，在 Health FSM 中还必须加一个判断操作，判断究竟受到的是哪种攻击，这样才能有针对地让 blood 减去 damage1 或者 damage2 的值，比较麻烦。

这里将 damage 设为 -10。之前我们在 Hero 的 Health FSM 中已经设置了 Hero 在游戏初始时的血量为 maxBlood = 20，所以测试游戏时应攻击 Hero 两次，Hero 就会倒地死亡。

表 4.10　Collide Manage FSM 中的动作

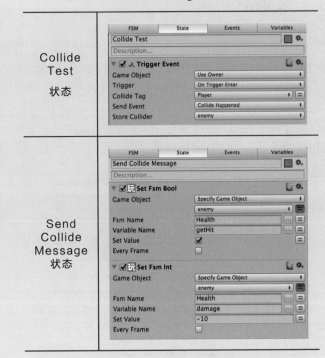

用同样的方法给 Killer_Collider2 设置一个名为 Collide Manage 的 FSM。其中的状态、用户自定义事件、变量与 Killer_Collider1 的 Collide Manage FSM 都完全相同。直接将 Killer_Collider1 的 Collide Manage FSM 复制到 Killer_Collider2 的 Collide Manage FSM 中就可以了。

全部设置完毕之后，我们就可以来测试游戏了。如果设置全部正确，此时游戏应该呈现如下的效果：当 Killer 的斧子碰到 Hero 时，Hero 会表现出受到攻击时的动作，并且其 blood 变量的值会降低。通过 Up 键和 Down 键让 Hero 跑动躲避，Killer 应该会追着 Hero 继续攻击。因为我们之前已经在 Hero 的 Health FSM 中设置了游戏初始时的血量为 maxBlood = 20，而这里设置的 damage 又等于 -10，所以只要 Killer 攻击到 Hero 两次，blood 的值就为 0，也就是 Hero 会死亡。而且之后再用键盘上的上下左右键控制 Hero 的话，已不再起作用。

在这个阶段有以下几点需要特别注意：

1. Killer 的 Main FSM 中变量 attackRange 是否设置得当？如果这个变量值设置得太小，那么就会发生 Killer 攻击 Hero 时，两个角色模型部分重叠的情况；如果这个变量值设置得太大，那么就会出现无论 Killer 怎么攻击，斧子都够不着、碰不到 Hero 的问题。

2. Hero 的 Health FSM 中有一个 Hurt 状态，这个 Hurt 状态里有一个重要任务就是播放 Hero 受伤时的动画（就是 hurt 动画片段），但是这个动画片段的播放速度必须与 Killer 攻击的动画（也就是 axelattack 动画片段）播放速度配合起来。也就是说，如果 Killer 的 attack 动作很快，而 Hero 的 hurt 动作很慢，就会出现 Killer 第二次成功击中 Hero，然后 Hero 慢吞吞地做 hurt 动作，而只有当这个 hurt 动作全做完才会进入后面 Hero 是否死亡的判断，所以 hurt 动作还没做完时，Killer 因为没有得到 Hero 已经死亡的通知，所以继续挥斧子攻击 Hero。这样的话，玩家就会发现 Killer 要用斧子碰到 Hero 三到四次，Hero 才会倒地。所以一旦出现这种情况，就尝试在 Hero 的 Health FSM 中给 Hurt 状态再添加一个提高动画播放速度的动作 Set Animation Speed，如图 4.35。

图 4.35 调整 Hero 播放 hurt 动画的速度

3. 当北极熊 Hero 倒地死亡时，可以看到 Hero 是悬空躺着的。这是因为我们导入的北极熊模型的所有动画都保持了身体重心不变。这与 3.2.4 节中如果直接播放北极熊弯曲膝盖的动画，就出现双脚悬空是一个道理。因此，修正悬空躺倒的问题，也可以参照 3.2.4 节中的方法来进行。此处不再赘述，请大家自行修改。

至此，Hero 已经能"感受到"Killer 的攻击了。值得注意的是，他们之间存在一套信息沟通方式，可以由图 4.36 来描述：Killer 武器上的碰撞体负责检测是否撞到对方，并且在撞到时，不仅发消息通知对方已经撞到，还要发消息通知对方扣掉多少生命值；而 Hero 也会给 Killer 发消息，通知对方自己现在是活着还是已经死亡。

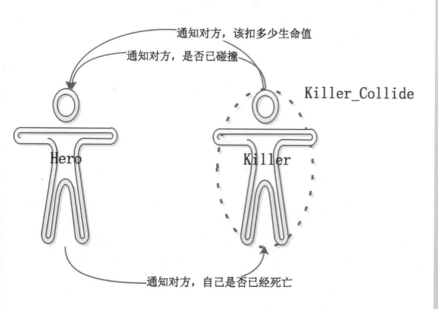

图 4.36 Killer 攻击 Hero 时，Hero 和 Killer 之间的信息沟通

4.3.3 Killer 的生命系统

既然 Killer 已经能攻击甚至杀死 Hero 了，在一般的游戏中，为了实现游戏的平衡，也会让 Hero 能够反击 Killer。这就意味着首先 Killer 也需要一个类似于 Hero 的生命系统；其次，Killer 与 Hero 之间还需要传递另外一套消息。

我们首先给 Killer 建立起生命系统。

具体操作如下：

① 进入 Hero 的 Health FSM，如图 4.37 所示，在空白处右击，选择 Copy FSM。

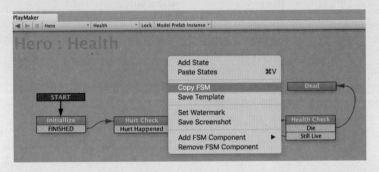

图 4.37 复制 Hero 的 Health FSM

② 给 Killer 增加一个 FSM，也命名为 Health。并在空白处右击，选择 Paste States，如图 4.38 所示。这样，Killer 就会拥有和 Health 一样的生命系统，包括变量等。

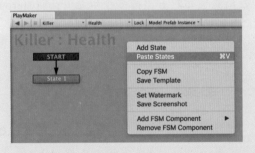

图 4.38 将 Hero 的 Health FSM 复制至 Killer 的 Health FSM

把 Hero 的全套生命系统复制过来后，也要针对 Killer 的特性进行一些修改。比如可以自行设置 Killer 的初始生命值，也就是 maxBlood 的值，例如设为 10。

③ 在表 4.11 所示的几个位置对 Killer 的 Health FSM 进行修改。表 4.11 中没有列出的部分不用修改。

表 4.11 Killer 和 Hero 的 Health FSM 中不同的部分

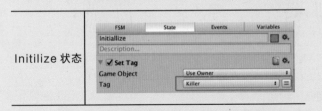

Dead 状态	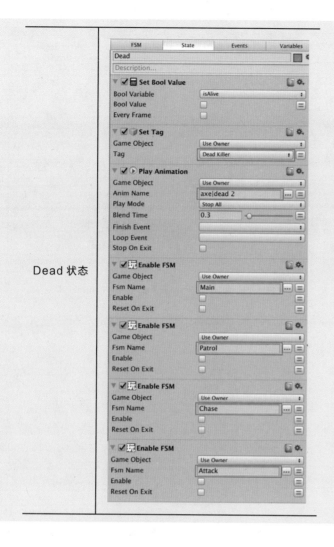	首先要在 Unity 的 Inspector 面板中新建一个名为 Dead Killer 的 Tag。

4.3.4 Hero 反击 Killer 时的碰撞检测

同样为了不破坏 Hero 原本的结构，我们也另外添加一个子物体，让它去替 Hero 检测是否成功攻击到了 Killer。但是因为 Killer 是使用武器（斧子）来进行攻击的，所以 4.3.2 节中把这个专门用来检测碰撞的子物体绑到了 Killer 的武器上。而此处，Hero 不使用武器，而是直接挥拳攻击对手。所以这里把专门用来检测碰撞的子物体绑到 Hero 的右手上。

具体操作如下：

① 在 Unity 的 Scene 中增加一个 Capsule 物体（菜单栏 Game Object → 3D Object → Capsule），命名为 Hero_Collider。调整这个物体在空间中的位置，让它与 Hero 的右手重叠，如图 4.39 所示。

② 在 Hero_Collider 的 Inspector 面板中勾选"Is Trigger"，并将"Mesh Renderer"之前的钩形符号去掉，即让这个物体不可见。同时如图 4.40 所示，选中 Hero 的右手骨骼，将 Hero_Collider 设为 Hero 右手的子物体。

图 4.39 给 Hero 的右手罩上 Hero_Collider

设置 Hero_Collider 的属性：

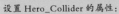

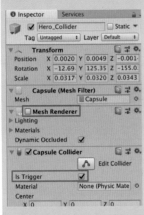

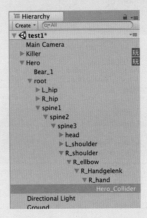

图 4.40 将 Hero_Collider 绑定至右手上

③ 给 Hero_Collider 增加一个名为 Collide Manager 的 FSM，并将 Killer_Collide 的 FSM 复制过来。

④ 选择 Collide Test 状态，把其中 Trigger Event 动作的 Collide Tag 改为 Killer。

为了测试北极熊 Hero 到底能否成功地让 Killer 感受到攻击，在运行游戏之前，先把 Killer_Collider1 和 Killer_Collider2 各自 Inspector 面板中的 Collide Manager FSM 禁用。这么做是为了便于测试 Hero 的攻击效果，防止 Killer 两斧子就把 Hero 打倒。

然后再运行游戏，尝试按下左 Ctrl 键，让北极熊 Hero 攻击 Killer，看看会有什么效果。如果不出意外，大家应该能遇到一个比较奇怪的情况：就算确实看到 Hero 的右手已经碰到了 Killer，而 Killer 也安然无恙。进一步观察，当 Hero 右手上的 Hero_Collider 碰到 Killer 时，Hero_Collider 的 Collide Manager FSM 中的变量 enemy 的值仍为 None，也就是说 Hero_Collider 根本就没有检测到它自己与 Killer 的碰撞。

究竟为什么我们用了相同的方法来让 Killer 攻击 Hero、让 Hero 攻击 Killer，但是只有 Hero 能感受到 Killer 的攻击，而 Killer 却感受不到 Hero 的攻击呢？这里就要讲到 Unity 中的一个很重要的问题：碰撞检测。

Unity 官方规定，其物理引擎中只有以下两种情况的碰撞可以被检测到：

1. 带有 Character Controller 的物体与其他碰撞体相撞时；
2. 碰撞的双方都有碰撞体，并且至少有一方带有刚体。

仔细分析可以发现，4.3.2 节中我们给 Killer 斧子上绑定的 Killer_Collider1 和 Killer_Collider2，它们的 Inspector 面板中都能看到有 Box Collider，也就是它们都具有一个盒形碰撞体。而 Killer 挥斧子击中的 Hero 又是带有 Character Controller 属性的。所以 Killer 攻击 Hero 就属于上述第一种可以检测出碰撞的情况，所以我们让 Killer 攻击 Hero 才会有效。但是反观 Hero 攻击 Killer 的过程，绑定在 Hero 右手上的 Hero_Collider 固然带有一个 Capsule Collider，但是其攻击的对象，也就是 Killer，却既没有碰撞体，也没有 Character Controller 属性。这不符合 Unity 引擎能检测出碰撞的两种情况中的任何一种，所以无论怎么指挥 Hero 挥拳攻击 Killer 也是无效的。

解决这个问题的方法其实并不复杂，只要给 Killer 再套上一个带有碰撞体和刚体的物体，然后让这个物体替代 Killer 去接受 Hero 的攻击就可以了。

具体操作如下：

① 在 Unity 的 Scene 中再增加一个 Capsule 物体（菜单栏 Game Object → 3D Object → Capsule），命名为 Killer_Collider3。调整这个物体在空间的位置，让它与 Killer 重叠，也就是大致罩在 Killer 身上，如图 4.41 所示。

图 4.41　给 Killer 罩上 Killer_Collider3

把 Killer_Collider3 设为 Killer 的子物体：

这里 Is Trigger 如果打了钩，再加上具有刚体属性，一旦开始运行游戏，这个 Killer_Collider3 就会由于重力作用掉下去。

② 如图 4.42 所示，在 Killer_Collider3 的 Inspector 面板中，将 Tag 设为 Killer，不要勾选 "Is Trigger"，将 "Mesh Renderer" 之前的钩形符号去掉，即让这个物体不可见。同时，增加一个 Rigidbody 属性，也就是让它具有刚体属性。全部设置完毕后，将 Killer_Collider3 设为 Killer 的子物体。

③ 在 Scene 面板中选择 Hero_Collider，在它的 Collide Manager FSM 中增加一个名别 enemy_child 的变量，类型为 GameObject，如图 4.43 所示。

④ 按照表 4.12 所示，修改 Collide Test 状态中的动作，把其中的 Store Collider 改为 enemy_child。

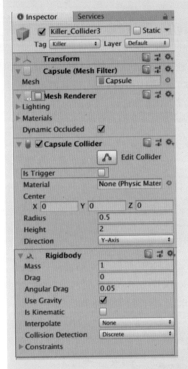

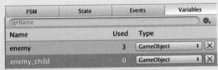

图 4.42 Killer_Collider3 的属性　　图 4.43 Hero_Collider 的 Collide Manage FSM 中的变量

⑤ 如表 4.12 所示，在 Send Collide Message 状态中增加一个动作，并将它放在其他两个原有动作之前：

● *Get Parent*，这个动作用来获取某一个物体的父物体。Hero 挥拳攻击 Killer 时，Hero 右手上的 Hero_Collider 实际上会先撞到 Killer_Collider3。在前面的 Collide Test 状态中，检测到 Hero_Collider 和 Killer_Collider3 的碰撞之后，将 Killer_Collider3 存入了变量 enemy_child。但发生碰撞后，应该是 Killer 的生命值下降，而不是 Killer_Collider3 的生命值下降。所以在 Send Collide Message 状态中，首先必须通过 *Get Parent* 动作来获取 Killer_Collider3 的父物体，也就是 Killer，并将它存储在变量 enemy 中。这样，我们才能通知 Killer 把自己的生命值下调，也就是对 enemy 的 Health FSM 进行相应的操作。

表 4.12　Hero_Collider 的 Collide Manager FSM 中的动作

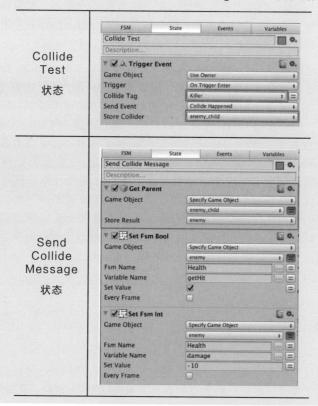

全部设置完毕后，再来运行一下游戏看看效果。因为 4.3.3 节中已经将 Killer 的生命值设为 10，而 Hero 击中 Killer 一次就要让 Killer 的生命值降低 10，所以此时如果全部设置正确，呈现的效果应该是北极熊 Hero 只要挥拳一次，就可以将 Killer 成功击倒在地。

至此，Hero 和 Killer 就可以互相有效攻击了。

4.4　再谈 Unity 中的碰撞体和刚体

在 4.3 节中，我们已经对 Unity 中的两个重要概念——碰撞体（Collider）和刚体（Rigidbody），有了初步的了解。碰撞体是产生碰撞的前提，而如果需要让对象受到重力等物理效果的控制和影响，就得给对象添加刚体。假如一个物体绑定有任何一种碰撞体（包括 Box Collider、Sphere Collider、Capsule Collider、Mesh Collider、Wheel Collider），也就相当于这个物体自带了一个碰撞探测器（碰撞探测器的探测范围默认情况下是以长方体、球体等形状包裹在这个物体周围的）。而其中的 Is Trigger 属性如果被勾选，也就表示如果在这个物体上发生碰撞，这个碰撞事件是可以作为触发器触发其他物体或者自己的某些动作的。但 Is Trigger 被勾选时，Unity 的物理引擎将不把该物体当作一个真实的物体，也就是说这个物体会被物理引擎忽略，所以这个

物体是可以被穿透的。因此,两个相撞的对象,只要其中一个的碰撞体 Is Trigger 被勾选,那么它们就能互相从对方身体中穿过。如果碰撞双方的碰撞体 Is Trigger 都没被勾选,那么他们撞到一起之后就会互相僵持,谁也不让谁。

我们也可以用一个实验来解释 Is Trigger 被勾选时,Unity 物理引擎不把这个物体当作真实物体的现象:还是用 4.3.4 节中做好的游戏项目,观察套在 Killer 身上的那个 Killer_Collider3,将它设为可见。它有碰撞体和刚体,但是它的 Is Trigger 没被勾选。现在把这个 Killer_Collider3 的 Y 轴位置拉高,也就是让它不再套在 Killer 身上,而是高悬在 Killer 头顶。这时再运行游戏,可以发现 Killer_Collider3 会从高处掉落至地面上,然后再随着 Killer 的移动而移动。它会从高处掉落,就是因为它有刚体属性,所以做自由落体运动;而它落至地面就不再下落,是因为它和地面的 Is Trigger 都没有被勾选,所以不会发生互相穿透的现象。但是假如勾选 Killer_Collider3 的 Is Trigger,再运行游戏时就会发现,这个 Killer_Collider3 会穿过地面始终做自由落地运动。

4.5 总结

本章我们以角色 Killer 为例,详细介绍了战斗型 NPC 的设计与实现方法。本章着重分析了一般游戏中战斗型 NPC 的行为逻辑,具有广谱性。使用两层式结构,完成了战斗型 NPC 的 FSM 构建:上层 Main FSM 用来控制不同行为之间的切换,下层 Patrol FSM、Chase FSM、Attack FSM 分别用来负责某一种具体的行为。

本章的另一个重点是详细介绍了游戏中角色(包括玩家控制角色与非玩家控制角色)生命系统 Health FSM 的设计与实现方法。并在此基础上实现了玩家控制角色与非玩家控制角色之间的交互。

本章还介绍了如何从 Asset Store 中导入素材,如何使用数组,如何用武器进行攻击,如何徒手进行攻击,如何在一个 FSM 中访问另一个 FSM 中的变量,如何禁用或使用一个 FSM,什么情况下需要设置子物体与父物体,碰撞体 Collider 与刚体 Rigidbody,Is Trigger 以及碰撞检测。

本章用到的 PlayMaker 动作包括 Enable FSM, Find Closest, Float Compare, Get Distance, Float Compare, Get FSM Bool, Bool Test, Array Contains, Play Animation, Smooth Look At, Move Towards, Int Add, Array Get, Set Int Value, Get FSM Game Object, Random Wait, Set Tag, Set Bool Value, Int Compare, Trigger Event, Send FSM Bool, Set FSM Int, Get Parent。

非玩家控制角色的设计二：服务型NPC

CHAPTER 05

本章将详细介绍另外一种非玩家控制角色——服务型 NPC 的设计与实现。几乎每一款游戏中都有服务型 NPC，但是他们的作用也分为好几种：有的专门为玩家控制角色提供辅助信息，推动剧情的发展，引导玩家的下一步行为；也有的作为店主，用交易的方式，为玩家提供道具。但无论是哪一种，服务型 NPC 基本都要具备和玩家控制角色交流信息的功能，而这种信息交流大多是通过对话来完成的。

因此，本章将通过设计并实现一个能与玩家控制角色对话，并在对话中推动剧情发展的服务型 NPC（命名为 Mentor），来详细讲解这类 NPC 的制作方法。

5.1 服务型 NPC（Mentor）的行为分析

5.1.1 游戏中对话的实现

以对话方式来推动剧情发展的这类 NPC（这里用 Mentor 来代替），其行为一般都具有以下特点：当 Hero 没有靠近时，Mentor 会由系统控制，自主进行一些比如散步的动作；当 Hero 靠近 Mentor 之后，Mentor 会转向 Hero，与 Hero 进行交谈，并在交谈中透露某些对 Hero 有用的信息。

交谈这个行为，在实现上也可以分成两种：

第一种，Hero 与 Mentor 之间的交谈完全由系统自动进行，比如播放一段两人谈话的视频，整个过程只需要玩家看，而不需要玩家来交互。例如图 5.1 是选自游戏《刺客信条》的场景，角色之间的对话内容通常直接播放一段视频，或者用一个文本框（Text）来呈现就可以了。

图 5.1　只用文本框就能呈现的对话（选自《刺客信条》）

而第二种交谈，就是必须有玩家的参与，对话才能进行下去。这么做一般都是为了提高玩家的体验，在游戏中预埋了多个剧情分支，所以在对话中给玩家提供两个或者更多的分支选择。这种交谈，除了文本框，还需要有某种形式的按钮（Button）来帮助玩家进行分支的选择。例如图 5.2 中的场景，也是选自游戏《刺客信条》，玩家可以通过光标上下移动，来选择认为 Kyra 是对的，还是 Thaletas 是对的。

图 5.2　通过某种形式的按钮实现的对话（选自《刺客信条》）

　　文本框和按钮在 Unity 中，都属于图形用户界面（GUI）负责处理的内容。所谓图形用户界面，就是游戏中经常出现的诸如按钮、滑杆、下拉菜单等各种图形方式的操作界面。游戏的系统通过这些操作界面可以获取用户的各种输入信息、触控屏幕的相关信息等，起到人机交互的作用。Unity 在 4.6 版本之后推出了新的 GUI 系统，被称为 UGUI。新系统升级了原有 UI 控件，使它们在外观和使用方面更加适合游戏的制作，我们将在第 7 章详细讲述 UGUI 的各种内容。在本章中，因为需要用文本框和按钮来呈现角色对话的内容，所以我们将把这两部分内容提前到这章来介绍。

5.1.2　Mentor 的行为

　　作为示例，我们在第 4 章做好的游戏项目里放置一个新的角色 Mentor，一旦 Hero 找到这个 Mentor，他就会告诉 Hero 一些重要的信息。比如，为了更顺利地进行游戏，应该先去找一个具有某种特征的帮手。因此，Mentor 的总体行为逻辑可以由图 5.3 来描述，只包含"散步"和"对话"两种行为。

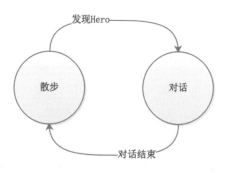

图 5.3　Mentor 的总体行为逻辑

　　其中，"散步"行为比较简单，可以参照第 4 章中 Killer 的 Patrol 行为进行设计：首先确定好散步的路径，然后按这个路径行走便可。为节约篇幅，此处不再重复分析。

　　至于"对话"这个行为，首先必须设计好 Mentor 与 Hero 之间的对话内容，包括互相之间要讲什么，哪一句在前，哪一句在后。玩家控制角色与服务型 NPC 之间的对话内容，都不应该是无意义的闲聊，而应该是与未来的剧情走向密切相关的。我们在这里使用文本框和按钮，实现一个需要玩家参与选择的对话。因为只是介绍如何用文本框和按钮来实现游戏中角色之间的对话，所以只设计一个简单的对话逻辑，如图 5.4 所示。

角色之间的对话内容应该与整个游戏故事相符，不宜设计得层次过多，以免看到后面忘了前面。

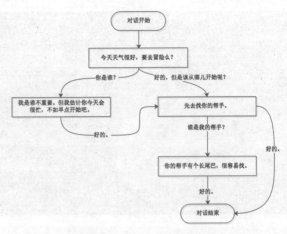

图 5.4　Mentor 与 Hero 之间的对话逻辑

图 5.4 方框中的消息都是 Mentor 讲的，而连接线上的消息则是提供给玩家进行选择的。从具体操作的角度来看，Mentor 讲的话可以用文本框来呈现，而供玩家选择的信息则可以像图 5.2 那样显示在按钮上。

但是在 UGUI 中，包括文本框和按钮在内的所有控件，均不可以独立放置在游戏中，它们必须放置在一个名为画布（Canvas）的特殊容器上，然后再将这个画布放置到游戏场景中。只有这样，这些控件才能在游戏中显现出来。所以，图 5.4 中的对话，在实现过程中可以按照图 5.5 的框架来设计：将整个对话分成四幕，一共需要一个画布、两个文本框以及两个按钮。在对话进行的过程中，画布始终不变，只是上面的文本框和按钮的位置会随不同幕而发生变化。在两个文本框中，一个用来写 Mentor 的名字，一个用来写他具体说的话。因为在对话中，同一幕中最多只有两个供玩家选择的信息，所以整个对话只需要两个按钮，只是不同幕中按钮上的内容也不同。

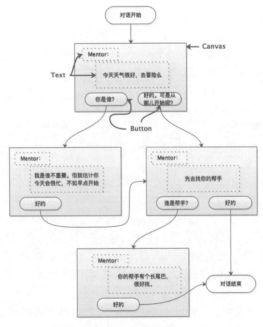

图 5.5　用文本框和按钮来实现角色之间的对话

5.2 服务型 NPC（Mentor）的 PlayMaker 实现

从 5.1 节的分析可以看出，对于 Mentor 这个角色，也应该给其设计 3 个 FSM。

1. Main FSM：用来控制 Mentor 如何在散步和对话之间切换，起到和 Killer 的 Main FSM 一样的作用。这部分内容将在 5.2.3 节中实现。

2. Talk FSM：用来具体负责控制 Mentor 与 Hero 之间对话的过程，这是本章中全新的内容。这部分内容将在 5.2.4 节中实现。

3. Walk FSM：用来负责 Mentor 遇到 Hero 之前的散步行为。这个过程与 4.2.4 节中 Killer 的 Patrol FSM 相类似，所以本章中不再赘述这部分内容，大家可以尝试自行完成。

5.2.1 角色与游戏视角切换

作为示例，我们将一个已经做好的大象角色导入游戏，作为 Mentor。导入角色的方法与 3.1 节中一样，此处不再详细说明。

但是在正式讲解对话框的搭建之前，我们先来谈一下游戏中的视角问题。所谓视角，就是玩家观察游戏的位置和角度，实际上也就是 Unity 中镜头（Camera）的位置。一般来讲，3D 游戏中的视角设定包括以下三种。

1. 第一人称视角：以玩家的视角来进行游戏，如图 5.6 所示。采用这种视角设定时，游戏中的主角，也就是玩家控制角色，通常是看不到其全貌的，最多只能看到他手里拿的武器，或者方向盘等道具。这种视角的移动，可以由玩家来控制，强调带给玩家最好的代入感，在射击类游戏和驾驶类游戏中比较常见。

2. 第二人称视角：以玩家敌人的视角来进行游戏，这种设定比较少见。在这种设定下，玩家不能控制视角的移动，只能控制在这个视角内看到的主角，让主角朝屏幕，也就是向这个视角进行攻击。

> 本书配套资源中的游戏项目 CH5_start，已经在第 4 章结尾处保存的游戏场景中添加了大象角色，大家可以从这个项目开始继续本章的操作。

图 5.6　第一人称视角（选择《反恐精英》和《Race》）

3. 第三人称视角：也称为上帝视角，这种视角一般位于玩家控制角色的斜上方，既可以看到玩家控制角色的动作，也可以看到他周围的环境和其他游戏对象，如图 5.7 所示。以这种视角设定的游戏非常多，而且通常同一个游戏中，第一人称视角和第三人称视角可以互相切换。

图 5.7 第三人称视角（选自《刺客信条》）

要将游戏设置为哪一种视角，其实就是设置游戏中相机的位置。如果游戏采用第一视角，那么就要将相机一直放在玩家控制角色的头部位置，如图 5.8 所示。这样在 Game 面板中看到的，就是从玩家控制角色的视角看到的场景，而看不到玩家控制角色自身。如果游戏采用第三人称视角，那么相机就要放在玩家控制角色的斜上方，而且镜头方向要斜向下，如图 5.9 所示。这样才能在 Game 面板中既看到玩家控制角色，也看到周围的场景。

注意 Scene 面板中右下角的 Camera Preview 中显示的就是从选中的相机看出去的视野。

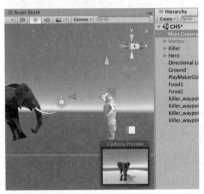 

图 5.8 第一人称视角的相机位置　　图 5.9 第三人称视角的相机位置

作为示例，我们在本章中，给游戏设定一个第一人称视角和一个第三人称视角。而且让玩家能够在按下键盘上的 O 键时，将游戏切换到第一人称视角；按下 P 键时，再切换回第三人称视角。

具体操作如下：

① 在 Hierarchy 面板中选中 Main Camera，给它改名为 Third-person Camera。将它调至如图 5.9 所示的第三人称视角位置后，再把它设为 Hero 的子物体。也就是在 Hierarchy 中直接将 Third-person Camera 拖至 Hero 上。这样，无论 Hero 在场景中怎么移动，这个相机与他之间的相对位置都不会改变。

将所有相机都设为 Hero 的子物体：

② 选择菜单栏中的 GameObject → Camera，给游戏场景再添加一个新的相机。将这个新相机改名为 First-person Camera，并将它的位置调整至 Hero 的头部，也就是图 5.8 所示的第一人称视角的位置。调整完位置后，同样将 First-person Camera 设为 Hero 的子物体。

③ 打开 PlayMaker 编辑窗口，给 Hero 再添加一个名为 Switch Camera 的 FSM，并按照表 5.1 在 Events 中添加 2 个自定义事件。

表 5.1　Hero 的 Switch Camera FSM 中的 Events

Events	
	Event　　　　　　　　　　　Used
	Press O　　　　　　　　　　　2
	Press P　　　　　　　　　　　2

④ 在 Switch Camera FSM 中一共设置两个状态：Third-person Camera Works 和 First-person Camera Works，并按照图 5.10 进行状态转换。

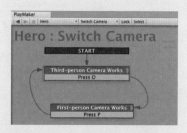

图 5.10　Hero 的 Switch Camera FSM 中的状态转换

⑤ 按表 5.2，给 Third-person Camera Works 状态添加 3 个动作。

- *Activate Game Object*，这个动作用来禁用或者激活指定的游戏对象。这个动作在本状态中一共用了 2 次，第一次用来激活第三人称视角相机（所以把参数 Game Object 设为 Third-person Camera，并且勾选 Activate），第二次用来禁用第一人称视角相机（参数 Game Object 设为 First-person Camera，不勾选 Activate）。这么做是因为我们希望在游戏开始时，画面将以第三人称视角展现。

- *Get Key Down*，这个动作用来检测玩家是否按下了 O 键。一旦按下 O 键，就触发 Press O 事件，将状态转换至 First-person Camera Works。

⑥ 按表 5.2，给 First-person Camera Works 状态添加 3 个动作。

- *Activate Game Object*，这个动作在本状态中也一共用了 2 次，第一次用来禁用第三人称视角相机（参数 Game Object 设为 Third-person Camera，不勾选 Activate），第二次用来激活第一人称视角相机（参数 Game Object 设为 First-person Camera，不勾选 Activate）。这样就可以在这个状态中让玩家通过第一视角相机来观察游戏了。

- *Get Key Down*，此处用来检测玩家是否按下了 P 键。如果按下

把参数 Game Object 设为 Third-person Camera，就是从 Hierarchy 面板中直接把 Third-person Camera 拖入 PlayMaker 中的参数 Game Object 中。

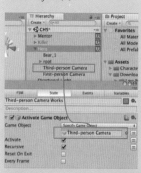

了，就触发 Press P 事件，将状态转换回 Third-person Camera Works。

表 5.2　Switch Camera FSM 中的所有动作

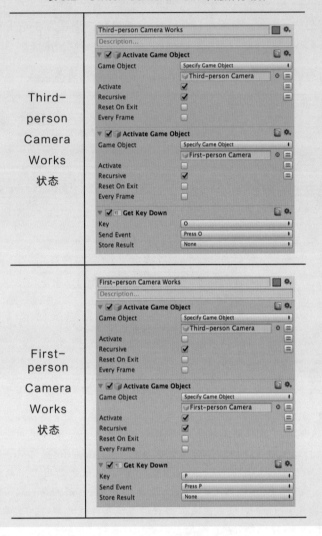

全部设置完后再运行游戏，现在就可以通过 O 键和 P 键自由切换游戏视角了。

5.2.2　对话框的构建

本节我们要在场景中搭建一个由画布（Canvas）、面板（Panel）、文本框（Text）和按钮（Button）组成的对话。

具体操作如下：

① 在 Scene 面板中新建一个 Canvas 物体：菜单栏 Game Object → UI → Canvas。在它的 Inspector 面板中将 Canvas 属性中的 Render Mode 设为 Screen Space - Camera，勾选 Pixel Perfect，并将

Hierarchy 面板中的 Third-person Camera 拖至 Render Camera，Plane Distance 设为 8，如图 5.11 所示。

对于 Unity 中的画布 Canvas 来讲，共有三种不同的渲染模式，也就是图 5.11 中参数 Render Mode 里的三种选项。

- *Screen Space - Overlay*：如果选择这种模式，画布将填满整个屏幕空间，而且永远置于屏幕的最上层，不会被任何其他物体遮挡。如果场景改变大小或者改变了分辨率，那么画布也会自动改变大小去适配。

- *Screen Space - Camera*：这种模式下，画布会被放置在相机的前方指定距离处。所以需要指定是哪个相机，而且这个前方的指定距离，就是由参数 Plane Distance 来表示的。如果场景改变大小或者改变了分辨率，画布也会自动改变大小去适配。本例中，我们选的就是这种模式。

- *World Space*：这种模式下，画布会被当作与其他游戏对象一样的物体。可以在 Scene 面板中手动调整画布的大小。这种模式与其他两种模式最大的区别，在于这种模式下画布上的控件既可以显示在其他物体之前，也可以显示在其他物体之后。也就是说控件可以被遮挡。而且，画布不一定只出现在视野的正前方，而是像其他普通物体一样，可以出现在场景中的任何位置。

② 在 Hierarchy 面板中选中 Canvas 物体，右击选择 UI → Panel，给 Canvas 物体再添加一个 Panel 物体，如图 5.12 所示。这时可以看到整个 Canvas 所在的位置全变成了半透明状，这是因为 Canvas 上覆盖了一层 Panel 物体。在 Panel 物体的 Inspector 面板中将 Scale 改为 (0.5, 0.5, 0.5)，则 Panel 会缩小至原先的一半。直接在 Scene 面板中，用拖拉的方式调整 Panel 在 Canvas 上的位置。放置这个 Panel 物体的目的，就是为了将来这个对话跳出时，能有一个半透明的背景。

修改 Panel 的大小：

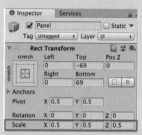

图 5.11 增加 Canvas 物体，并调整其属性值

图 5.12 在 Canvas 上添加一个 Panel

③ 为了将游戏中的 GUI 也统一成 Low Poly 风格，首先用 4.2.1 节中的方法，在 Unity 中打开 Asset Store 窗口，搜索 Low Poly GUI Kit，

下载并导入本游戏，如图 5.13 所示。Project 面板中的 Assets 下方会多出一个名为 Low Poly UI Kit-v.1.1c 的文件夹。

图 5.13　导入一个 Low Poly 风格的 GUI 素材包

④ 在 Hierarchy 面板中选中 Panel 物体，在它的 Inspector 面板中的 Image 属性中进行修改：将参数 Source Image 设为刚导入的 GUI 素材包中的 Panel_5。这样就可以在 Scene 面板中看到，Panel 呈现出 Low Poly 风格了，如图 5.14 所示。

Panel_5 的具体位置为：Assets/Low Poly UI Kit-v.1.1c/UI Kit/Buttons/PNG/Panel_5

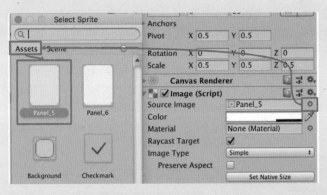

图 5.14　给 Panel 赋予 Low Poly 风格

⑤ 在 Hierarchy 面板中选中 Panel 物体，右击选择 UI → Text，给 Panel 物体添加一个文本框子物体，命名为 NameText，用来显示说话人的名字。可以直接在 Scene 面板中用拖拉的方式调整这个文本框在 Panel 上的位置，并在它的 Inspector 面板中，修改 Text 属性中的文字内容、字体、大小、颜色等设置。

设置字体、颜色、折叠等属性：

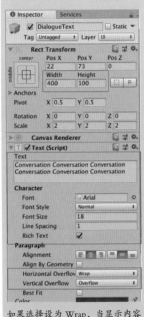

如果选择设为 Wrap，当显示内容超出文本框大小时，多余的内容将不被显示出来。但是如果选择 Overflow，即使内容超出了文本框大小，也会照常显示出来，只是可能会影响其他控件的显示。

⑥ 用同样的方法给 Panel 物体再添加第二个文本框子物体，命名为 DialogueText，如图 5.15 所示。调整其位置和大小，让它出现在 NameText 的下方。这个 Text 物体将用来显示对话双方具体的谈话内容。因为对话的内容一般比较多，为防止显示不全，请适当在这个文本框的 Inspector 面板中，把 Width 和 Height 调大，并可选择将 Text 属性中的 Horizontal Overflow 和 Vertical Overflow 设为 Wrap 或者 Overflow。

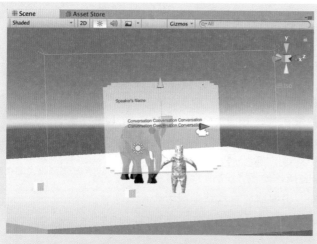

图 5.15 添加两个文本框

⑦ 在 Hierarchy 中选中 Panel 物体，右击选择 UI → Button，给 Panel 物体再添加两个按钮，并分别命名为 Option1Button 和 Option2Button。每一个 Button 物体都自带一个 Text 子物体，将它们分别改名为 Option1Button_Text 和 Option2Button_Text。修改它们各自 Rect Transform 属性中的 Scale 参数，将按钮调整到合适的大小。注意，当调整 Button 物体的大小时，它的子物体，也就是按钮上的文字 Text 物体也会跟着被缩放，这样就会造成文字的长宽比例不正常。为了让文字正常显示，如果 Button 的 Scale 为 (4, 2, 1)，那么就将它下属的 Text 的 Scale 设为 (0.25, 0.5, 1)。原则是两者的 X、Y、Z 对应相乘的结果为 1。

同样，将这两个按钮也设为 Low Poly 风格，如图 5.16 所示。在 Hierarchy 面板中选中按钮，在它的 Inspector 面板中，将 Image(Script) 属性里的 Source Image 设为刚导入的 Low Poly GUI Kit 中的 Button_11。

将按钮也设为 Low Poly 风格：

至此，场景中应该呈现如图 5.16 所示的样子。

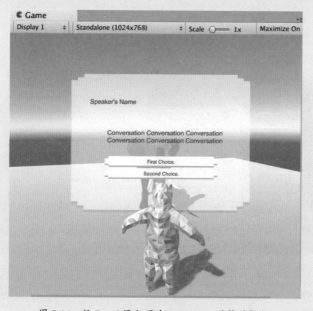

图 5.16 给 Panel 添加两个 Low Poly 风格的按钮

这样，整个用于显示对话的 GUI 就全部做好了。但是因为在设计中，当 Hero 没有靠近 Mentor 时，这个对话的任何相关内容都是不应该显示出来的，只有当 Hero 靠近 Mentor 一定距离时，Canvas 以及上面各种控件才显示出来。因此这里必须在 Hierarchy 中选中 Canvas 物体，并在它的 Inspector 面板中将 Canvas 属性前面的钩去掉，如图 5.17 所示，这样 Canvas 连同上面的所有控件都消失不见了。

图 5.17 让 Canvas 在游戏初始时不要显示

5.2.3 总体行为管理模块的实现（Main FSM）

正如之前分析的那样，一共要给 Mentor 添加 3 个 FSM，分别命名为 Main FSM、Talk FSM 以及 Walk FSM。其中 Main FSM 用来控制 Mentor 如何在散步和对话之间切换，具体步骤为：首先判断 Hero 是否已经站在了自己的面前，如果没有，就让自己散步；如果已经站在面前了，就让自己与 Hero 开始对话。

为了感应到 Hero 是否已经走到了自己面前，Mentor 当然可以像 Killer 一样，通过实时监测自己与 Hero 之间的距离来进行判断。但是这里我们采用另外一种更简单的做法：给 Mentor 套上一个碰撞体，一旦 Hero 撞到这个碰撞体，也就意味着他已经站到了 Mentor 身边。

具体操作如下：

① 在 Hierarchy 中选中 Mentor，并在 Inspector 面板中给他添加一个 Sphere Collider 属性。调整这个碰撞体的大小，让它围绕在 Mentor 的周围，适当大一些，便于形成 Hero 走近就触发的效果。同时勾选 Is Trigger，如图 5.18 所示。

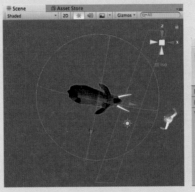 

图 5.18 给 Mentor 增加碰撞体

② 给 Mentor 设置三个 FSM，分别命名为 Main FSM、Talk FSM 以及 Walk FSM。

③ 按照表 5.3 在 Events 和 Variables 中给 Mentor 的 Main FSM 添加一个自定义事件和三个变量。注意，给变量 isOver 设初值为 False。

表 5.3　Mentor 的 Main FSM 中的 Events 和 Variables

Events	FSM　State　Events　Variables •)) Event　　　　　　　　Used　✱ ☐ FINISHED　　　　　　　2　✕ ☐ Hero is Close Enough　　1　✕
Variables	FSM　State　Events　Variables Name　　Used　Type Hero　　　8　　GameObject　✕ isOver　　2　　Bool　　　　✕ Mentor　　2　　GameObject　✕

变量 isOver 用来标注对话是否已经结束。如果结束了，这个变量的值就为 True，否则就为 False。

④ 在 Main FSM 中一共设置三个状态：Walk、Talk 以及 Close Dialogue，并按照图 5.19 进行状态转换。

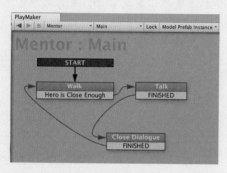

图 5.19　Mentor 的 Main FSM 中的状态转换

⑤ 按表 5.4，给 Walk 状态添加 2 个动作。

● *Get Owner*，此处用来把 Walk FSM 的拥有者，也就是 Mentor 保存到指定的变量中。这么做的目的主要是为了在后面的 Talk 状态中，可以通过 *Smooth Look At* 动作，让 Hero 和 Mentor 互相面对面。

● *Trigger Event*，用来检测 Tag 为 Player 的物体，也就是 Hero，是否碰到了 Mentor 的碰撞体，如果碰到了，就触发 Hero is Close Enough 事件，同时将 Hero 保存到对应的变量中去。

⑥ 按表 5.4，给 Talk 状态添加 14 个动作。

● *Bool Test*，此处使用这个动作来不断地检测变量 isOver 是否为 True。一旦 isOver 为 True，也就表示谈话已经结束，触发 FINISHED 事件，将执行状态转至 Close Dialogue 状态。所以此处的 Every Frame 必须要打钩。

● *Smooth Look At*，一共连续使用了 2 次这个动作，目的是让 Hero 和 Mentor 在对话时看着彼此。

● *Enable FSM*，此处一共用了 8 次。前 7 次的目的是让 Hero 一旦开始和 Mentor 对话后，就将他自己的 Walk、Rotate、Jump、Attack、Pick、Health 以及 Switch Camera 这 7 个 FSM 全部禁用。也就是让 Hero 在对话过程中对键盘上的各种控制键都不做响应，同时 Killer 在此时如果攻击 Hero 的话也算作无效（防止 Killer 在 Hero 对话时把 Hero 打死）。所以这 7 个 Enable FSM 的 Enable 处都不要勾选。第 8 次 Enable FSM 的用处是激活 Mentor 的 Talk FSM，所以此处 Enable 要勾选。

- *Play Animation*，此处用这个动作来播放 Hero 休息时的动画。之所以要这么做，是因为如果 Hero 在跑动中撞到了 Mentor 的碰撞体，就会立刻通过 *Enable FSM* 把 Walk FSM 禁用，那么 Hero 就很可能在整个聊天过程中保持跑动时突然暂停的奇怪样子。所以我们强制让 Hero 播放休息时的动画，使 Hero 在与 Mentor 聊天时保持站立休息的动作。

- *Activate Game Object*，这个动作在本状态中连续用了两次，第一次用来激活第三人称视角相机，第二次用来禁用第一人称视角相机。之所以要这么做，是因为场景中的 Canvas，它的 Render Camera 已经被指定为 Third-person Camera 了，也就是说只有第三人称视角相机被激活时，玩家才能看到这个 Canvas，包括它上面的所有文字信息和按钮。所以如果此处不加这两个 *Activate Game Object* 动作，而在 Hero 接近 Mentor 时又正好使用的是第一人称视角相机，那么在整个对话过程中，玩家都将看不到 Canvas 上的任何对话内容了。所以此处用两次 *Activate Game Object* 动作，来强制游戏一旦进入 Talk 状态就自动进入第三人称视角。

⑦ 按表 5.4，给 Close Dialogue 状态添加 1 个动作。

- *Bool Flip*，目的是把变量 isOver 的值进行翻转，也就是把假的变真，真的变假。因为假如执行状态已经由 Talk 状态变为 Close Dialogue 状态，也就意味着变量 isOver 的值已经变为了 True。如果不将它改回 False 就让 Mentor 的执行状态转回 Walk 的话，那么下次 Hero 再走近 Mentor 想与他对话时，就会因为 isOver 等于 True 而直接跳过对话过程，也就是说无法再次正常显示两人之间的对话。

> 其实此处如果不使用 *Bool Flip* 动作，而使用 *Set Bool Value* 也是可以的。

表 5.4　Mentor 的 Main FSM 中的动作

| Walk 状态 | |

续表

Talk 状态

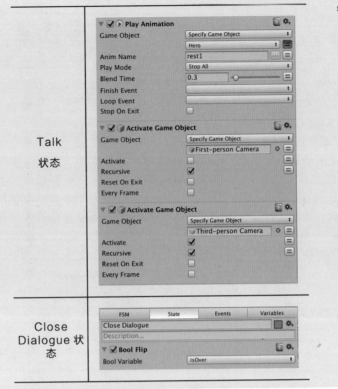

如果以上设置全部正确,此时再运行整个游戏就可以看到,无论从哪个方向指挥 Hero 走近 Mentor,并且撞到 Mentor 的碰撞体,都可以看到 Hero 与 Mentor 会自动转至互相面对面的方向,而且这时无论按键盘上的什么键,Hero 都不再做出任何反应。

但是因为此时还没有设置变量 isOver 什么时候会变为 True,所以目前一旦进入 Mentor 的 Talk 状态,就会始终待在这个状态中,无法转至 Close Dialogue 状态。这个问题将在下一节中解决。

5.2.4 "对话"行为的实现(Talk FSM)

本节用 PlayMaker 来对 5.2.2 节中的对话框进行控制,实现图 5.5 中的对话流程。

具体操作如下:

① 在 Mentor 的 Talk FSM 中,一共设置五个 FSM,分别命名为 Take An Adventure、Go To Find Your Helper、Not Hard To Find Him、Not Important Whom I Am,以及 End。

② 按表 5.5,在 Events 和 Variables 中添加 2 个自定义事件和 8 个变量,并按图 5.20 进行转换。

对照一下就可以发现,图 5.20 的状态转换,就是按图 5.5 的对话逻辑来进行的。图 5.20 中的每个状态,都是图 5.5 中的一幕。

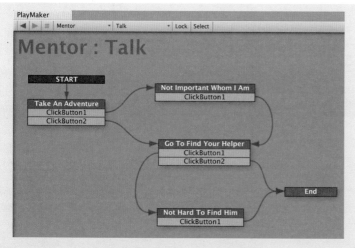

图 5.20 Talk FSM 中的状态转换

表 5.5 Talk FSM 中的 Events 和 Variables

Events	ClickButton1 — 4 ClickButton2 — 2
Variables	Canvas — Object DialogueText — Object NameText — Object Option1Button — GameObject Option1Button_Text — Object Option2Button — GameObject Option2Button_Text — Object Panel — Object

所有的变量从名字上就可以看出，它们分别与 5.2.2 节中添加的 1 个 Canvas、1 个 Panel、2 个 Text 以及 2 个 Button 对应。这些变量的数据类型要特别注意：变量 Option1Button 和 Option2Button 为 Game Object 类型；变量 Canvas、Panel、DialogueText、NameText、Option1Button_Text 和 Option2Button_Text 虽然在表 5.5 中都显示为 Object 类型，但实际上它们分别为 Object 中的某一个子类。

变量 Canvas 是 UnityEngine.Canvas 类型，它的设置方法如图 5.21 所示。而 DialogueText、NameText、Option1ButtonText 和 Option2ButtonText 都是 UnityEngine.UI.Text 类型，设置方法如图 5.2 所示。

③ 如图 5.23 所示，将 Unity 的 Hierarchy 面板中的 Canvas 拖入 Talk FSM 中的变量 Canvas 的 Value 中。也就是给 Talk FSM 中的变量 Canvas 赋值，让它等于在游戏场景中创建的那个 Canvas 物体。

同理，给变量 Panel、DialogueText、NameText、Option1Button、Option1Button_Text、Option2Button 以及 Option2Button_Text 赋值，让他们分别等于 Hierarchy 面板中的同名物体。

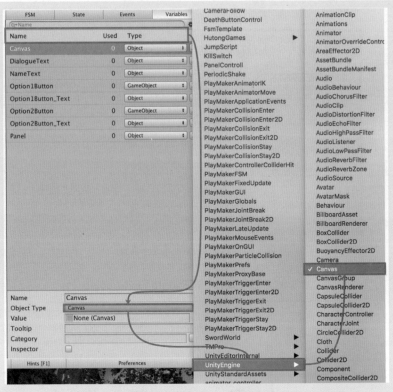

图 5.21 变量 Canvas 的数据类型

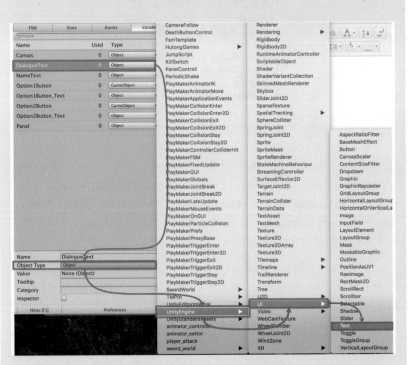

图 5.22 变量 DialogueText、NameText、Option1ButtonText 和 Option2ButtonText 的数据类型

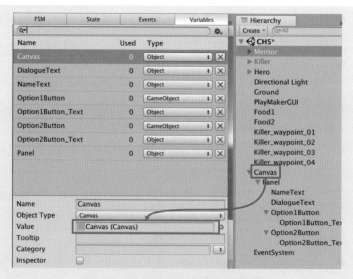

图 5.23 给 Talk FSM 中的变量赋初值

④ 按表 5.6，给 Take An Adventure 状态添加 7 个动作。

- *Set Property*，这个状态中一共用了 5 次 *Set Property* 动作。第一次，用来让原本看不见的 Canvas 组件在场景中显示出来，所以 Target Object 设为 Canvas，参数 Property 设为 enabled，并且勾选 Set Value。除这一次使用 *Set Property* 之外，后面的四次使用，分别是给两个文本框和两个按钮设置要显示的文字，所以 Property 都选择 text，Set Value 中为要显示的文字。

- *UI Button On Click Event*，这个动作用来监控参数 Game Object 中指定的按钮是否已经被单击。一旦被单击，则触发参数 Send Event 中指定的事件。这个动作在这里一共使用了 2 次，分别用来感应上下两个按钮是否被单击。

⑤ 按表 5.6，给 Not Important Whom I Am 状态添加 4 个动作。

- *UI Button On Click Event*，因为这个状态中只有一个按钮供玩家使用，所以在这个状态中只需要一个 *UI Button On Click Event* 动作，用来监控这个唯一的按钮是否已经被单击，并在按下时触发相应的事件。

- *Activate Game Object*，这个动作用来激活或者禁用某个游戏对象。在这里用它来禁用 Option2Button，也就是上一个状态中有的，但是这个状态中不需要的那个按钮。注意此处的参数 Activate 不要勾选，表示禁用参数 Game Object 中指定的那个物体。

- *Set Property*，这个动作在这个状态里一共用了 2 次，分别用来给 DialogueText 和一个按钮设置要显示的文字。因为 NameText 的内容从上一个状态转至这个状态时并未发生改变，始终都是 "Mentor:"，所以此处不需要对它进行重新设置。

⑥ 按表 5.6，给 Go To Find Your Helper 状态添加 5 个动作。

- *Set Property*，在这个状态中一共用了 3 次，用来给 DialogueText 和两个按钮设置要显示的文字。
- *UI Button On Click Event*，与之前一样，在这个状态中依旧使用这个动作来监控上下两个按钮是否已经被单击，并在单击时触发相应的事件。

⑦ 按表 5.6，给 Not Hard To Find Him 状态添加 4 个动作。

- *Set Property*，在这里一共用了 2 次，分别用来给 DialogueText 和一个按钮设置要显示的文字。
- *Activate Game Object*，因为这一幕中只有一个按钮，所以此处必须使用这个动作来将另一个不需要显示出来的按钮禁用掉。所以这里的参数 Activate 不要勾选。
- *UI Button On Click Event*，用来监控这一幕中唯一的那个按钮是否已经被单击，并在单击时触发相应的事件。

⑧ 按表 5.6，给 End 状态添加 2 个动作。

- *Set FSM Bool*，回忆一下 5.2.3 节，我们在 Mentor 的 Main FSM 中设置了一个变量 isOver，用来控制 Mentor 在对话结束之后转移到散步状态。因此在此处，就通过 *Set FSM Bool* 将变量 isOver 设置为 True，用来通知 Main FSM 对话已经结束，可以转至散步状态了。
- *Set Property*，这里使用这个动作是为了在对话结束时把场景中的 Canvas 物体重新隐藏起来。也就是对话结束后就不再显示任何与对话相关的内容。其中的参数 Property 设为 enabled，不勾选 Set Value。

表 5.6　Talk FSM 中的动作

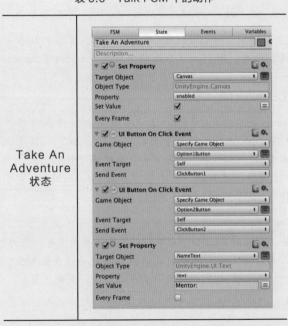

Take An Adventure 状态

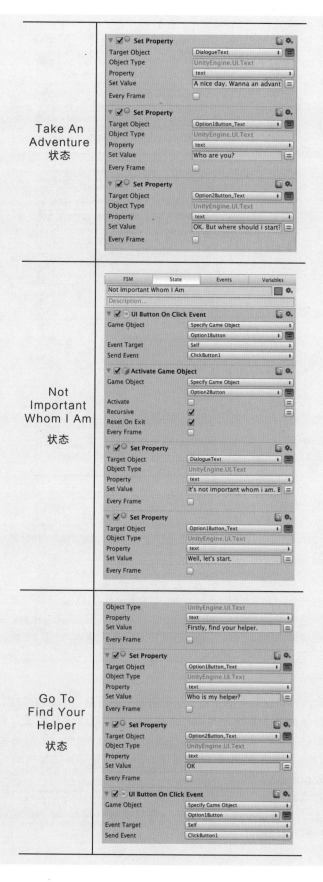

续表

状态	内容
Go To Find Your Helper 状态	**UI Button On Click Event** Game Object: Specify Game Object / Option1Button Event Target: Self Send Event: ClickButton1 **UI Button On Click Event** Game Object: Specify Game Object / Option2Button Event Target: Self Send Event: ClickButton2
Not Hard To Find Him 状态	**State: Not Hard To Find Him** **Set Property** Target Object: DialogueText Object Type: UnityEngine.UI.Text Property: text Set Value: He has a long tail, not hard to f Every Frame: ☐ **Set Property** Target Object: Option1Button_Text Object Type: UnityEngine.UI.Text Property: text Set Value: Well, I see. Every Frame: ☐ **Activate Game Object** Game Object: Specify Game Object / Option2Button Activate: ☐ Recursive: ☑ Reset On Exit: ☑ Every Frame: ☐ **UI Button On Click Event** Game Object: Specify Game Object / Option1Button Event Target: Self Send Event: ClickButton1
End 状态	**State: End** **Set Fsm Bool** Game Object: Use Owner Fsm Name: Main Variable Name: isOver Set Value: ☑ Every Frame: ☐ **Set Property** Target Object: Canvas Object Type: UnityEngine.Canvas Property: enabled Set Value: ☐ Every Frame: ☐

　　至此，如果设置全部正确，运行游戏可以看到，Hero 在碰到 Mentor 身边的碰撞体时，不管此时游戏是在第一人称视角还是第三人称视角，都会立刻进入第一人称视角，并在游戏窗口中出现一个乳白色半透明的对话窗口，上面有 Mentor 说的内容，以及两个写有信息的按钮。单击按钮就会按照之前预设的流程进行对话，Mentor 说的内容会出现相应的改变。对话结束时，半透明的对话窗口自动消失，这时又可以用键盘对 Hero 进行前后移动等控制了。Hero 第二次碰到 Mentor 的碰撞体时，对话窗口会再次打开。

当然，如果希望对话只能进行一次，也是可以的。只需要增加一个变量记录对话的次数即可。如果对话的次数超过一次，不再进入 Talk FSM 就可以了。这个改动非常简单，就留给大家自己完成了。

5.3 预制件

回顾一下，从第 3 章到第 5 章，我们一共设计了三个游戏角色：Hero、Killer，以及 Mentor。每个角色都有自己的行为逻辑，而角色与角色之间又有设定好的交互行为。但是对于一个完整的游戏来讲，通常都会有多个场景。同一个角色经常会在多个场景中出现。如图 5.24 所示，《Super Mario》的主角水管工马里奥，基本上每换一关，他就出现在一个新的场景中，如地面上、水下、地面下、城堡里等。但是无论在哪一种场景里，马里奥的技能和特性都基本相同。比如他都能发射子弹攻击敌人，都能吃蘑菇长大，如果被敌人击中也会缩小或者死亡。当然有些场景中，马里奥的技能也会发生一些小变化，比如到了水下，马里奥的行进方式会由跑步变成游泳。

图 5.24　同一个角色在不同场景下通常其行为特性是不发生改变的

所以问题就出现了,如果在一个场景中已经制作好一个具备各种行为能力的角色,那么当要创建另外一个场景时,这个新场景中也要用到这个角色,此时我们是该在这个新场景下重复第 3 章到第 5 章的内容,重新手动创建出这个角色,还是能通过某种方法把原有场景中已经创建好的这个角色搬过来?

如果换一个场景就要重复创建角色,显然效率太低了。Unity 提供了一个简单的方法解决这个问题:把角色制作成预制件,这样就能在不同场景中重复使用这个角色了。

事实上,不仅可以把角色做成预制件,所有需要在多个场景中重复用到的对象都可以被做成预制件。预制件就是 Unity 为了让游戏对象及资源能被重复利用,而创造出来的一类特殊物体。这一节中,我们把 Hero 做成预制件。这样如果把它们移植到其他场景中,也能继续互相攻击、互相对话。

具体操作如下:

① 在 Unity 的 Project 面板中,选中 Assets 后右击 Create → Folder,在 Assets 中再建一个名为 Prefab 的文件夹。

② 选中这个 Prefab 文件夹后右击 Create → Prefab,即在这个文件夹中创造一个空的预制件出来。

③ 从 Hierarchy 面板中把 Hero 拖至这个空的预制件上,如图 5.25 所示。拖完可以发现这个原本用白色立方体来表示的空预制件,变成了 Hero 对象的样子,这就表示已经把游戏中的 Hero 对象做成了一个预制件。这时,再把这个预制件的名字改为 HeroPrefab,以便于识别。

创建一个空的预制件:

制作完成的 HeroPrefab:

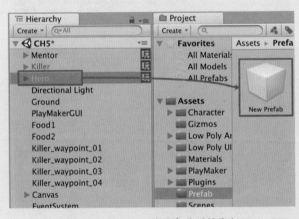

图 5.25 把 Hero 拖至空的预制件上

④ 在结束并关闭本章所做的工作之前,请先保存本章所做的游戏场景 CH5。

这样,如果新场景中也需要有 Hero 角色,那么只需把这个 HeroPrefab 预制件拖入新场景,就会自动在这个新场景里生成一个 Hero 角色,不仅具有 Hero 的外形,而且具有 Hero 的所有 FSM。而这个在新场景中生成的 Hero 角色,就被称为实例。

预制件与实例的关系可以由图 5.26 来表示：一个预制件可以生成任意多个实例，每个实例就是预制件的一个副本。但是预制件与实例之间的信息传递一般是单向的。如果对预制件进行了任何修改，这种修改会影响到它的所有副本，也就是说它实例化出的所有实例也都会自动进行这种修改。但是假如对某一个实例进行了修改，预制件却不会因此而产生任何的改变，所以其他实例也不会有任何改变。

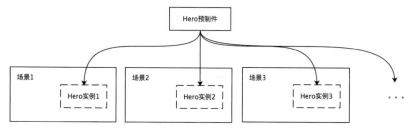

图 5.26　预制件与实例的关系

5.4　总结

本章重点介绍了能与玩家控制角色对话的服务型 NPC 的设计与实现方法。本章具体讲解了大多数游戏中角色对话的实现途径，游戏中的视角切换问题，服务型 NPC 的行为逻辑，使用 UGUI 来实现对话框（包括 Canvas，Panel，Text 和 Button 的使用），如何用 PlayMaker 来控制 UGUI，预制件与实例。

本章用到的 PlayMaker 动作包括 *Get Owner*，*Trigger Event*，*Bool Test*，*Smooth Look At*，*Enable FSM*，*Play Animation*，*Bool Flip*，*Set Property*，*UI Button On Click Event*，*Activate Game Object*，*Set FSM Bool*，*Get Key Down*。

游戏环境的设计

CHAPTER 06

成功的游戏往往在构建一个引人入胜的游戏环境上会花费了大量的时间和精力。编一个戏剧性的故事，设计有代入感的角色，设计一套巧妙的玩法和交互，搭建一个宏伟的游戏环境，配上合适的音效，将所有这些融合在一起，就有可能形成一个优秀的游戏。

在前面的章节中，我们已经介绍了如何用 PlayMaker 来实现对游戏角色的控制。在本章，我们要来谈一下如何设计游戏环境中的四种重要的元素：地形、天空、关卡，以及声音。

6.1 地形设计

Unity 中内置了功能强大的地形引擎，通过笔刷绘制的方式，就可以快速雕刻出逼真的山脉、峡谷、平原、高地等地形对象。除此之外，Unity 的地形编辑器也提供了实时绘制地表材质纹理、树木种植、大面积草地布置等功能。

6.1.1 创建地形

在本节中，我们主要通过不同的高度工具来设计整个地形的外貌。

具体操作如下：

① 打开上一章做好的游戏项目，然后创建一个新的场景：File → New Scene。将这个新场景命名为 CH6。

② 给 CH6 场景添加一个地形对象（见图 6.1）。选择菜单栏 Game Object → 3D → Terrain。这样在场景中就会出现一个白色的平板状物体，Hierarchy 中也会多出一个名为 Terrain 的物体来。它的 Inspector 面板中会自带 Terrain 和 Terrain Collider 这两个属性，前者负责地形调整的基础功能，后者充当地形的物理碰撞体。

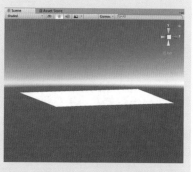

图 6.1　创建地形对象

自带 Terrain 和 Terrain Collider 属性：

删除 Main Camera 是因为 HeroPrefab 预制件中已经带有 2 个相机了。

③ 将 Hierarchy 面板中自带的 Main Camera 删除，并从 Project 面板的 Assets/Prefabs 文件夹中将 HeroPrefab 拖至上一个步骤中生成的 Terrain 上，并在 Hierarchy 面板中把这个新拖入的对象改名为 Hero。这个 Hero 就是在上一章结尾处做的 HeroPrefab 预制件的一个实例。在 Hero 的 Inspector 面板中可以看到，其具有完整的 Hero 该有的各种 FSM。

④ 调整 Hero 的位置，让其站在 Terrain 之上，而不是卡在 Terrain 中间。事实上，此时把 Hero 加入场景的目的，是为了待会儿创建地形上的

在 Mac 系统中，如果想快速地把 Hero 拉到 Scene 面板的中央便于查看，可以在 Hierarchy 面板中先选中 Hero，然后在 Scene 面板中按 F 键，这样 Hero 就会快速出现在视野中。

山川河流等环境时，能用 Hero 作为大小参照物。而不至于把地形构建得与角色大小比例失调。

⑤ 选中 Terrain 物体，在它 Inspector 面板上的 Terrain 属性中，选择图 6.2 红框所示的 Terrain Settings 工具。与地形大小和高低相关的参数集中在图中的 Base Terrain 和 Resolution 两大类中。可以根据自己的需要进行修改。

图 6.2　地形的属性

Terrain Width 和 Terrain Length 表示整个地形的宽度和长度。

Terrain Height 表示整个地形上允许出现的最大高度。这个值如果设得比较大，那么如果再用 Raise/Lower Terrain 工具来拉地形的时候，出现的山脉等就容易比较尖锐。

Paint Height 工具：通过设置其中的 Height 值，可以用笔刷把某一个区域的地形直接设置到某一个高度。

如果像图 6.3 中按了 Flatten 键，也就是把整个地形设置到 Height 高度。

⑥ 如图 6.3 所示，选择红框中的 Paint Height 工具。将其下方的参数 Height 设为 10，并且单击边上的 Flatten 按钮，使整个地形平面往上抬高到 10 的位置。这么做的目的，是因为待会儿我们会让地形平面上的一些区域下降至 0，形成与地面高度差为 10 的河床。

同时，将 Hero 的 Y 方向上的位置也做相应的提高，仍旧让 Hero 的双脚站在地形平面上。

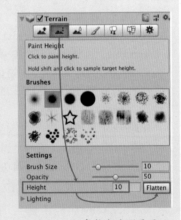

图 6.3　抬高整个地形平面

⑦ 如图 6.4 所示，选择红框标出的 Raise/Lower Terrain 工具。选择第一种或者第二种笔刷，设置合适的笔刷粗细（Brush Size）和模糊性（Opacity），然后按住鼠标左键，在地形上拉出山脉。

⑧ 仍旧选择图 6.4 中的 Raise/Lower Terrain 工具，然后按住 Shift+ 鼠标左键，将整个地形平面的四周做成低洼状，模拟河床，并在整个地

形中间做出河流，如图6.5所示。

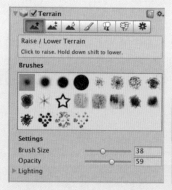

图6.4　在地形上拉出山脉

Raise/Lower Terrain 工具：如果直接单击鼠标左键，会使鼠标单击区域的地形升高。如果按住 Shift 键再单击鼠标左键，就会使鼠标单击区域的地形下沉。

因为 Terrain 是白色的，不易看清上面拉出的山脉，所以图6.4是把 Directional Light 调成土黄色之后，整个场景看上去的效果，并不是把 Terrain 调成土黄色。

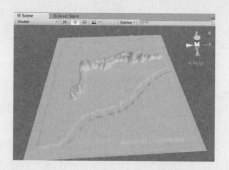

图6.5　在地形上做出低洼河床

因为在步骤⑥中，我们已经把整个地形抬高至10，所以此时通过 Raise/Lower Terrain 工具做出的低洼河床，与地形地面的高度差就等于10。

⑨ 再次选择图6.3中的 Paint Height 工具，将参数 Height 的值设为8，然后在刚开出的河床上选一个位置，按住鼠标左键，如图6.6所示，在河底拉出一个高度为8的平台，供 Hero 渡河用。

⑩ 选择图6.7中红框所示的 Smooth Height 工具，把山脉太尖锐的地方平滑一下。

Paint Height 工具非常适合用来建某个具有统一高度的平台。

关于参数 Height，之所以这里设为8，是因为之前已经将整个地形平面抬高至10，而 Hero 的身高大约在2.8左右，所以如果把这个过河用的平台高度设为8，也就是说 Hero 站在这个平台上的话，头部的高度（8+2.8=10.8）还是高于整个地形平面的高度的。这样 Hero 就能过河了。

图6.6　构建一个固定高度的平台

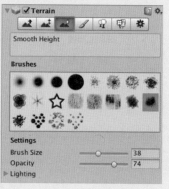

图6.7　平滑地形

Smooth Height 工具：用来平滑地形，让过于尖锐的地形能够过渡得比较自然。

⑪ 在 Scene 面板中，把 Hero 的初始位置提高到双脚高于地形的地面。同时，把 Hero 的 Inspector 面板中的 Jump FSM 前面的钩去掉，也就是禁用 Jump FSM，然后运行游戏。

可以看到，一旦运行之后，Hero 会从空中掉落到地面上。当 Hero 站稳在地面上时，如图 6.8 所示，记录下此时 Hero 的位置向量中的 Y 值，也就是记录 Hero 在这个新场景中初始位置的 Y 值。这是因为在 Hero 的 Jump FSM 中，有一个变量 positionOri_y 需要根据场景来手动设置：变量 positionOri_y 的值应该等于本场景中初始运行时 Hero 所站位置的 Y 值。在图 6.8 中，其值是 11.408。

图 6.8　记录 Hero 站稳在地面上的位置 Y 值

⑫ 在 Hierarchy 面板中选中 Hero，打开 PlayMaker 编辑界面，然后选择 Hero 的 Jump FSM。可以看到 PlayMaker 会给出如图 6.9 所示的提示：如果选择 Edit Prefab，那么预制件 HeroPrefab 也会随之修改；但如果只想修改本场景中的这个 Hero，而不想修改预制件以及其他场景中的 Hero，那么就要选择 Edit Instance。此处，我们选择 Edit Instance。

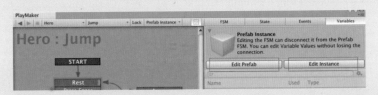

图 6.9　选择编辑预制件还是编辑实例

⑬ 如图 6.10 所示，把 Hero 实例的变量 positionOri_y 的值设为 11.408，也就是步骤⑪中获取的 Y 值。

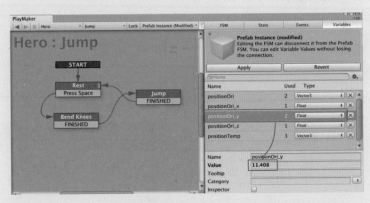

图 6.10　设置变量 positionOri_y 的值

⑭ 回到 Scene 面板中，选中 Hero，将其 Inspector 面板中的 Jump FSM 重新勾选上，也就是不再禁用这个 FSM。同时在 Scene 面板中将 Hero 调整至双脚正好在地形平面之上。以免一旦游戏开始运行，Hero 会有一个明显的从空中降落的动作。

注意：一定不要把 Hero 的双脚放在地形平面之下，否则一旦运行游戏就会看到 Hero 呈直线从地面往下坠落。

至此，如果设置全部正确，运行游戏可以看到，Hero 能正常地在我们创建的地形上做各种动作，包括跑步、挥拳、跳跃等，而且也可以通过 O 键和 P 键来切换游戏的视角。同时，大家也可以指挥 Hero 往我们刚创建的河床和山脉跑去。正常情况下，大家应该发现 Hero 可以爬上坡度不太大的山，但是对于坡度比较大的山，Hero 就无论如何也爬不上去了。这是因为 Hero 有一个 Character Controller 属性，而其中明确设置了 Hero 最大爬坡的角度 Slope Limit。大家可以修改一下这个值，再观察一下 Hero 的爬坡能力。

设置 Hero 的最大爬坡角度：

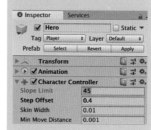

6.1.2 地形的纹理

在调整完地形的基本形状之后，就可以给地形覆盖上各种纹理，让整个地形看上去更生动。在 Unity 的地形编辑器中，地形纹理是以涂画的方式进行设置的。也就是说，首先将单元纹理赋给画笔，然后用画笔在地形上涂抹。画笔涂过的区域，就会将对应的纹理贴到这个区域的地形上。

至于纹理，既可以自己绘制，也可以在 Asset Store 中下载。本节以一套 Asset Store 中免费下载的地形贴图为例，介绍给地形设置纹理的方法。

具体操作如下：

① 在 Unity 中打开 Asset Store 窗口，如图 6.11 所示，进入 2D/Textures & Materials 类别。这个类别中都是各种环境的纹理贴图，包括建筑物外立面的贴图、室内墙面的贴图、地板的贴图、室外地面的贴图等。

② 以关键词 "Five Seamless Tileable Ground Textures" 进行搜索，下载并导入这个贴图包到游戏项目中，如图 6.12 所示。

图 6.11 在 Asset Store 中搜索材质贴图

图 6.12 下载并导入贴图素材

导入的单元纹理图片：

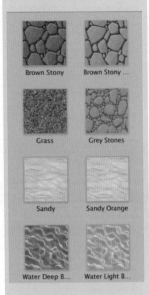

注意：
给 Terrain 添加的第一个纹理会将 Terrain 整个覆盖起来，而之后再添加的纹理则不会自动覆盖整个地形。

不同贴图颗粒度的效果对比：
（上图 x 和 y 都为 15，下图 x 和 y 都为 3）

③ 导入之后，在 Project 面板中的 Assets 里，可以看到多出一个名为 Texture 的文件夹。里面共有 8 个单元纹理图片，包括草地纹理、沙地纹理、石头纹理、水纹理等。

④ 在 Hierarchy 面板中选择 Terrain 物体。如图 6.13 左图所示，在它的 Inspector 面板中，选择 Paint Texture 工具，并单击下方的 Edit Textures 按钮，在跳出的菜单中选择 Add Texture。

这样就会弹出 Add Terrain Texture 对话框。如图 6.13 右图所示，将刚下载的 Textures 中的 Grass 贴图拖入 Albedo (RGB) 框中，并单击下方的 Add 按钮。这时可以看到 Scene 面板中的地形不再是白色，而全部覆盖上了草地的颜色和纹理，效果如图 6.14 所示。

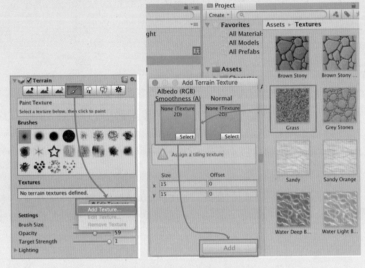

图 6.13 给地形加上贴图

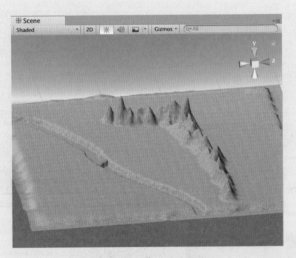

图 6.14 加上草地贴图的地形

⑤ 在 Game 面板中观察时，觉得草地的纹理效果太粗糙，如图 6.15 左侧所示，可以选中 Grass 纹理，单击 Edit Textures 按钮，在跳出的菜单中选择 Edit Texture，就可以打开 Edit Terrain Texture 窗口。如图

6.15 右图所示，调整 x 和 y 的值，它们的值越小，地形上的纹理在视觉上就越细腻。

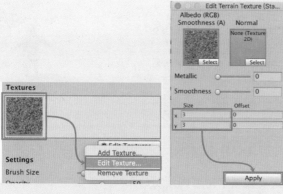

图 6.15　编辑纹理的颗粒度

⑥ 用图 6.13 左图所示的方法，再添加一个 Grey Stones 纹理和一个 Sandy Orange 纹理。

如图 6.16 所示，在 Textures 中选择刚添加的 Sandy Orange 纹理，并在 Brushes 中选择合适的笔刷形状，通过参数 Brush Size 设置笔刷的粗细。然后按住鼠标左键在地形上涂抹，就可以在涂抹到的区域上绘出沙地的效果。

同理，再换成 Grey Stone 纹理，给河床绘上石块的效果。在绘制过程中可以不断更改纹理的颗粒度，以适应不同的地形区域。大家可以用这些方法绘制自己游戏中需要的地形。

⑦ 如果想把已经绘制到地形上的某种纹理去除掉，也非常简单，只需要在 Textures 里选中这个纹理，然后单击 Edit Textures 按钮，选择 Remove Texture 即可，如图 6.17 所示。本例中，我们要给北极熊 Hero 营造一个 Low Poly 风格的环境，所以请把之前添加上去的 Grass 纹理、Grey Stones 纹理和 Sandy Orange 纹理全部删除。这样 Terrain 又回到白色。

添加的三种地形纹理：

绘制出的地形示例：

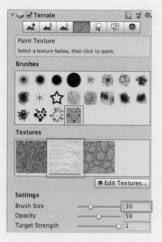

图 6.16　给地形的局部绘上沙地纹理

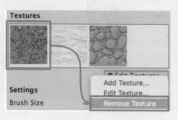

图 6.17　删除纹理

⑧ 将本章的配套资源导入 Assets，则在 Assets 文件夹下出现一个 Environment 文件夹。在 Environment/Textures/ 目录下找到名为 gray 的贴图。把它用图 6.13 所示的方法赋给 Terrain，让整个地形呈现一种灰白色的感觉，如图 6.18 所示。

图 6.18　给地形绘上灰白色纹理

6.1.3 植树与 LOD 技术

上一节主要介绍了用贴图绘制的方式给地形加上各种纹理。但是对于场景中的一些立体对象，比如树木、岩石等就不能用纹理贴图的方式来完成了。而且如果想制作一些特殊风格的场景，比如 Low Poly 风格的山脉，就没办法用 6.1.1 节介绍的方法直接在地形上拉出。这些情况下，就必须先在 3ds Max 等外部环境中制作出这些物体的模型，然后再导入我们的场景。

比如图 6.19 就是将一棵树的预制件直接拖入游戏场景。可以看到，这棵树与游戏中的角色、相机等一样，被当成一个独立的物体，在 Hierarchy 面板中能直接选中这棵树，而且也能够在它的 Inspector 面板中通过参数 Position、Rotation 以及 Scale，将这棵树进行位移旋转形变。

可以对树的大小、位置、方向等进行手动调节：

如果游戏场景中树的数量不太多，我们确实可以用这种方法，手动把树加入场景。但是假如场景中需要有成百上千棵树，这时再靠手动方式把每棵树加入场景，放到合适的位置，就显得非常不可行了。而且，为了逼近真实树林的效果，我们还得调整每一棵树的大小和方向，以免它们看上去都一模一样，这在实际操作中更加不现实。另外还有一个需要注意的地方就是，场景中物体越多，游戏运行时要消耗的计算资源就越多。也就是说，运行游戏时占用的内存就会越多、耗时就会越长。

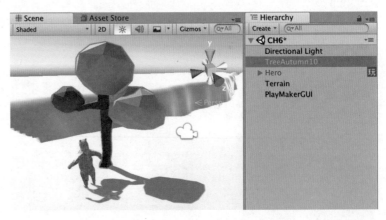

图 6.19　在场景中加入树

针对这种情况，Unity 提供了一种节约资源的方式，需要大量重复出现的树或者岩石，不再作为独立的物体加入游戏场景，而是通过笔刷的方式把树或者岩石刷到地形上去。在这种方式下，离相机近的树或者岩石在渲染时会呈现出模型的所有细节，而远处的树和岩石就会以贴图的方式呈现。所以既不会影响视觉体验，又节约了计算资源。

这种往地形上刷树或者岩石的功能，就是靠 Terrain 属性中自带的 Paint Trees 工具来实现的。但是新版本的 Unity 对于这个工具的改动比较大。原来 Unity4.X 版本中植树工具（旧版本中称为 Place Trees）的操作方法已经不再适用。如果想在地形上刷出大小不一、方向各异的树，现在必须用到 Unity 中的 LOD（Levels of Detail）技术，如图 6.20 所示。

> Paint Trees 工具：用来在地形平面上种树或放置岩石。

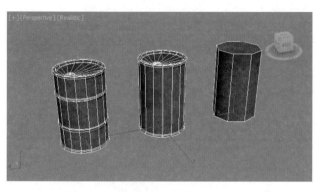

图 6.20　LOD 技术

所谓 LOD 技术，就是多细节层次。简而言之就是给一个游戏对象提供高模、低模等多个模型，当相机推近时，这个游戏对象就以高模进行渲染，反之如果相机拉远时，这个游戏对象就以低模进行渲染。这么做的目的，也是让系统能自动根据游戏对象在显示环境中的重要程度来决定渲染的资源分配，从而节约资源。例如图 6.20 中从左到右分别是一个罐子的高、中、低三种模型结构，如果相机从远处逐步向这个罐子推近，那么系统就会把这个罐子按照低模、中模、高模的顺序依次渲染。

下面从 Assets Store 中下载一个免费的 Low Poly 风格的树与岩石的资源包，来详细介绍一下如何结合 LOD 技术，使用 Paint Trees 工具往地形上绘制树和岩石。

具体操作如下：

① 在 Unity 中打开 Assets Store 窗口，用关键词"Low Poly Trees Seasons"进行搜索。选择图 6.21 中左侧的免费版本，下载并导入游戏。在 Project 面板的 Assets 中会多出一个名为 Low Poly Trees 的文件夹。其中的 Prefabs 文件夹中存放有各种季节的树和岩石的素材。

图 6.21　导入 Low Poly 风格的树的资源包

导入的 Low Poly Trees Seasons 资源：

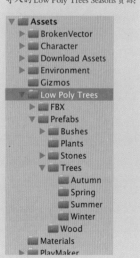

143

注意：此处不要加 Mesh Collider（网格碰撞体）。如果加了网格碰撞体，那么在后面用这棵树做成的笔刷往地形上刷树时，碰撞体会不起作用。

图 6.22 中绿框代表的就是给树加上的碰撞体。

② 在刚导入的素材包的 Low Poly Trees/Prefabs/Trees/Autumn 中找到一棵名为 TreeAutumn10 的预制件树，给它添加一个 Box Collider 属性。如图 6.22 所示，调整碰撞体的大小，让它套在树杆上。

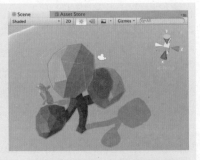

图 6.22 给树加上碰撞体

如图 6.23 所示，把这棵预制件树直接从 Assets 中拖入 Hierarchy 面板，也就是给场景中加了这棵树的一个实例。同时在 Transform 属性中把这棵树的位置设为（0，0，0）。

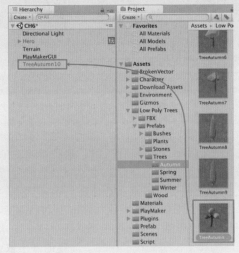

图 6.23 将树加入场景

③ 在 Unity 中，选择菜单栏 GameObject → Create Empty，即给场景中加入一个空物体，如图 6.24 所示。在 Hierarchy 面板中可以看到多出一个名为 GameObject 的空物体。把这个空物体的位置也设为（0，0，0）。同时将上一个步骤中加入的树 TreeAutumn10 设为这个空物体的子物体。

先将空物体和树的位置都设为（0，0，0），再将树设为空物体的子物体，是为了要保证这两个物体重叠。

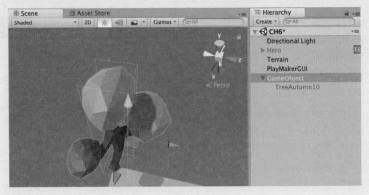

图 6.24 将树加入场景

④ 在 Hierarchy 面板中选中空物体 GameObject，给它添加一个 LOD Group 属性。如图 6.25 所示，选择 LOD0，单击下方的 Add 按钮，在跳出的窗口中选择 TreeAutumn10。这么做就是把 TreeAutumn10 当作高模赋给这个空物体。然后将 LOD1 和 LOD2 全部删除。

对于 LOD Group 属性来说，LOD0、LOD1、LOD2 中一般依次放高模、中模、低模。

删除 LOD1 和 LOD2：

最后，调整 LOD0 和 Culled 的比例，也就是调整它们的作用范围，如图 6.26 所示。

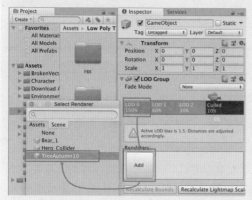

图 6.25 将树加入场景　　图 6.26 调整 LOD 各层的比例

⑤ 在 Hierarchy 面板中把空物体的名字改为 TreeAutumn10Parent，同时将它制作成预制件：首先在 Assets/Prefab 中新建一个空的预制件，然后在 Hierarchy 面板中把 TreeAutumn10Parent 拖入这个新建的空预制件中，最后将这个新做的预制件改名为 TreeAutumn10Prefab。

建完预制件之后，就可以回到 Hierarchy 面板中，将 TreeAutumn10Parent 连同它的子物体全部从场景中删除了。

制作预制件的具体步骤可参考 5.3 节的内容。

以下是做好的 TreeAutumn10 Prefab：

⑥ 在 Hierarchy 面板中选择 Terrain 物体，在其 Inspector 面板中的 Terrain 属性里，选择红框表示的 Paint Trees 工具，并单击下方的 Edit Trees 按钮，在弹出的菜单中选择 Add Tree，如图 6.27 所示。

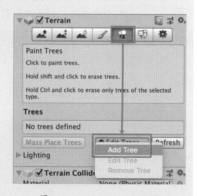

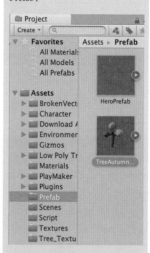

图 6.27 Paint Trees 工具

⑦ 如图 6.28 所示，把 TreeAutumn10Prefab 拖入弹出的 Add Tree 窗口的参数 Tree Prefab 中，再单击下方的 Add 按钮。这样就做好了一种专门用来刷 TreeAutumn10 这类树的笔刷。

⑧ 做好树的笔刷之后，就可以往地形平面上刷树了，但是在正式刷树之前，还有一些参数需要设置一下。如图 6.29 所示，选择一种树的笔刷之后，在下方会出现一系列关于这个笔刷的参数。

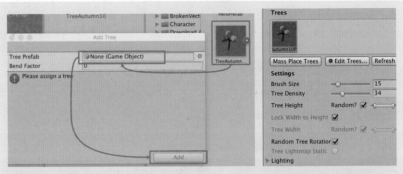

图 6.28 导入树的预制件　　　　图 6.29 用来刷树的笔刷的参数

其中：

- Brush Size：用来设定笔刷的大小。
- Tree Density：用来规定在相同范围内树的密度。
- Tree Height：用来设置树的高度。如果希望刷出来的树高度都不一样，那么可以勾选 Random，这样每棵树的高度就是某一个范围内的随机高度。而这个随机范围由 Random 后面的滑动条来规定。
- Lock Width to Height：如果这里打了钩，那么所有刷出来的树的长宽比都是一致的。如果希望刷出来的树有的细一点，有的粗一点，那么这里就不要打钩。
- Tree Width：在没有勾选 Lock Width to Height 时，可以通过这个参数来设置树的宽度。
- Random Tree Rotation：如果希望刷出来的树的方向都各不相同，那就在这里打钩。如果不打钩，所有树的方向都是一致的。

⑨ 选择树的笔刷，设置好以上参数，然后就可以直接在地形平面上需要种树的区域单击，每单击一次，就会种下一片这种树。如图 6.30 所示，就是单击了一次之后的结果。可以看到，一次单击种出了好几棵树，而且每一棵的大小、方向、位置都各不相同，效果比较自然。

如果一棵树种错了位置，可以按 Shift+鼠标左键，单击这棵树就可以移除它。

图 6.30 Paint Trees 的效果

如果想把某个区域已经种好的树拔掉，只需先按住 Shift 键，再单击即可。

⑩ 可以重复步骤②~⑧，在导入的素材中再挑选几种树出来做成笔刷。这样就可以在同一块地形平面上刷出多种树了。

⑪ 也可以使用以上的方法，来给场景中刷上岩石：从 Assets/Low Poly Trees/Prefabs/Stones/Summer 中选择 Stone5，将它加入游戏场景。可以适当将它调大一点，例如此处 Scale 设为（6，6，6）。同样，给这块岩石加上 Box Collider，然后给它加一个空物体作为父物体，并且给这个空物体添加一个 LOD Group 属性。然后将这个空物体做成预制件，并进一步用这个预制件做成 Paint Trees 工具中的一个笔刷。然后就可以在地形平面上刷自己需要的岩石了。

既有树的笔刷，也有岩石的笔刷：

用多种岩石做笔刷，最后形成的场景效果就比较多样，如图 6.31 所示。值得注意的是，虽然在场景中有了很多树和岩石，但是在游戏的 Hierarchy 面板中，只有 Terrain 物体。

图 6.31　在地形平面上刷上树和岩石的效果

刷上去的树和岩石，在 Hierarchy 面板中并不会出现：

⑫ 在 Hierarchy 面板中选择 Terrain 物体，它的 Inspector 面板中有一个 Terrain Collider 属性。如果希望刷在地形平面上的树和岩石的碰撞体能发挥作用，那么就一定要勾选这个属性中的 Enable Tree Colliders。这样当 Hero 撞到树或者岩石时，就不会穿过去。

勾选 Enable Tree Colliders，使刷上去的树和岩石的碰撞体起作用：

⑬ 最后，还有一个地方需要注意：在 Terrain Settings 中有一组专门针对树和岩石这类刷到地形平面上的对象的参数，如图 6.32 所示。其中可以特别关注一下参数 Detail Distance，它用来控制离相机多远的地形细节会被隐藏不显示。如果大家在运行游戏时发现，相机拉远时绘制在地形平面上的树和岩石会很快消失，那就尝试把这个参数的值调大一些。

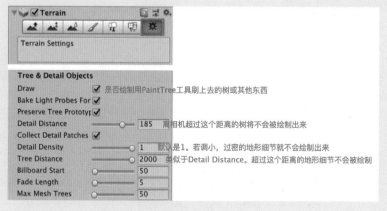

图 6.32　地形中关于 Paint Trees 的属性

至此，运行游戏时可以发现 Hero 置身在一片树林中，如果他行走过程中撞到岩石或者树，会有明显的阻碍感，不能穿透岩石和树前进。这个效果符合正常游戏的要求。

6.1.4 种草

如果需要往游戏场景中植入有高度的草，而不只是如图 6.14 所示那样在地形贴上草的纹理，可以采用以下两种做法：

1. 把草当作树，直接按照 6.1.3 节中植树的方法，把草植入到地形平面上。如果要植入的草形状比较复杂，其模型面很多，例如图 6.33 最左侧的那种草，那么就只能采用这种方法。

2. 如果草的模型比较简单，面也比较少，比如图 6.33 中间这种，更有甚者，根本就没有做草的 3D 模型，而只是做了草的 2D 材质板（billboard），例如图 6.33 右侧的这种，这些情况下就可以直接使用 Terrain 属性中的 Paint Details 工具，往地形平面上刷草了。

本节以图 6.33 中间的这种草为例，介绍如何使用 Terrain 自带的 Paint Details 工具在地形平面上种草。

图 6.33 最左侧和中间的草，都是 6.1.3 节中从 Assets Store 中下载的素材包 Low Poly Trees 中的草，具体位置为 Assets/Low Poly Trees/Prefabs/Plants/。

图 6.33 从左到右：较复杂的草、较简单的草、草的 billboard

Plant Details 工具：用来给地形平面上添加草、花等细节。

具体操作如下：

① 在 Hierarchy 面板中选择 Terrain 物体，在其 Inspector 面板中的 Terrain 属性里，选择红框表示的 Paint Details 工具，并单击下方的 Edit Details 按钮，如图 6.34 所示。

弹出的菜单中一共有两个选项：如果打算用图 6.33 中的 2D 材质板 billborad 作为模板在地形平面上种草，那就选择第一个选项 Add Grass Texture；如果打算用 3D 草模型作为模板在地形平面上种草，那就选择 Add Detail Mesh。

在本节的例子中，我们选择 Add Detail Mesh。

② 如图 6.35 所示，从 Assets 中直接将草 SeparateGrass2 拖入跳出的 Add Detail Mesh 窗口中的 Detail 中，并将下面的参数调整至合适的值。其中 Min Width 和 Max Width 规定了种出的草的宽度的上下限，Min Height 和 Max Height 规定了草的高度上下限。这样就建好了一种用来往地形平面上刷草的笔刷。

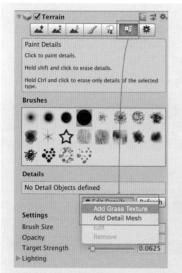
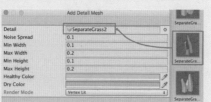

因为用 Paint Details 种出的草都是一片一片的，所以在种草的时候每一棵草都会自动做一些形变，防止每棵草都一样。而 Min Width、Max Width、Min Height、Max Height 这些参数规定了形变的上下限。

图 6.34　将草的预制件拖入场景　　图 6.35　调整草的高度

③ 选择刚建好的笔刷，在图 6.36 所示的 Settings 中设置笔刷的大小和草的疏密。

④ 与种树一样，在地形平面上需要种草的区域单击，即可把草种上去，如图 6.37 所示。如果想把草拔掉，也只要按住 Shift，再单击即可。

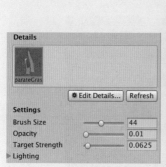

图 6.36　设置笔刷的大小和草的疏密　　图 6.37　在地形平面上种草的效果

此时运行游戏可以发现，Hero 是可以从草丛中穿过去的，也就是说草是没有加碰撞体效果的。

6.1.5　水面

很多游戏的场景中都会有各种各样的水出现，比如河流、湖泊，甚至海洋。但不管哪一种类型的水面，在 Unity 中大多按照同一种方法来处理：用一个会发生形变的平面（Plane）来当作水面，把这个平面按照一定的高度嵌入游戏场景中的地形，在视觉上就会形成各种形状的水面。

具体操作如下：

① 选择 Project 面板，将配套资源中的 Environment 导入游戏项目。这样，在 Assets 文件夹下就会出现一个 Environment 文件夹。在 Environment/Prefab/ 目录下找到名为 water 的预制件，这就是即将放入游戏场景中的水面。

② 将这个 water 预制件拖入 Scene 中，如图 6.38 所示。此时，在 Scene 中会出现一个蓝色的平面，调整它的 Transform 属性中的参数 Scale，让这个蓝色平面比整个地形要大。

图 6.38 将水的预制件拖入场景

③ 调整这个蓝色平面 Position 属性中的 Y 值，也就是调整这个平面在场景中的高度，如图 6.39 所示，让这个蓝色平面的高度比北极熊站的地平面低一些，但是比河床位置要高。这样，在视觉上就出现了一条河。

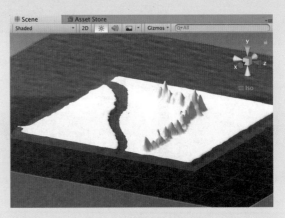

图 6.39 调整水面的高度

至此，我们已经给场景中加入了一条河。但是运行游戏时可以发现，这条河目前还是静止的，并不会出现水面波动的效果。这显然很不理想。

如果想要做出水面波动的效果，只要让这个蓝色平面上的点随时间出现"波"形上下浮动即可。为此，我们要给这个蓝色平面加上一个 C# 脚本，用来控制它的上下浮动。

新建一个脚本，用来控制水面的波动：

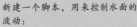

具体操作如下：

① 在 Assets/Script 中的空白处右击，选择 Create → C# Script，新建一个 C# 脚本。给这个脚本命名为 WaterWave。

② 双击这个脚本，打开安装 Unity 时附带安装好的 Visual Studio，进行脚本的编辑。在 WaterWave.cs 中，输入以下代码。全部输入后按 Ctrl+S 保存。

> 这个 WaterWave.cs 脚本在本书附带的数字资源中也可以找到。

```
using UnityEngine;
using System.Collections;

public class WaterWave : MonoBehaviour
{
    public float scale = 7.0f;
    public float heightScale = 1.0f;
    private Vector2 v2SampleStart = new Vector2(0f, 0f);

    // Update is called once per frame
    void Update ()
    {
      MeshFilter mf = GetComponent<MeshFilter>();
      Vector3[] vertices = mf.mesh.vertices;

      for (int i = 0; i < vertices.Length; i++)
      {
            vertices[i].y = heightScale * Mathf.PerlinNoise(Time.time + (vertices[i].x * scale), Time.time + (vertices[i].z * scale));
      }
      mf.mesh.vertices = vertices;
    }
}
```

③ 如图 6.40 所示，将脚本从 Assets 中直接拖到 Hierarchy 面板中的 water 上。这样就让 water 对象从此受到 WaterWave.cs 的控制。

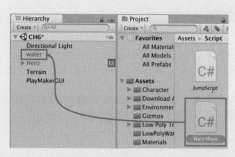

图 6.40　让脚本控制 water

④ 在 water 的 Inspector 面板中可以看到多出一个名为 Water Wave 的脚本组件，如图 6.41 所示。可以直接在这个组件中修改脚本里各个变量的值。其中 Height Scale 用来控制水波 Y 轴方向上起伏的高度。

图 6.41　调整脚本中的参数

把一个物体的 Mesh Renderer 前面的钩去掉，那么在场景中就看不到它了。

至此，游戏中地形的设置方法就介绍完了。另外，为了防止玩家控制角色走出我们预设的场景范围，掉到地形平面之外，通常情况下我们还需要在游戏中设置场景的边界。例如，在场景中再添加 4 个 Cube 物体，分别命名为 Wall1、Wall2、Wall3、Wall4，并调整它们的 Scale 参数和 Transform 参数，把它们围在地形平面周围，如图 6.42 所示。将这些充当边界的 Cube 物体设为不可见，这样既不影响玩家的视觉体验，也不会遮挡场景中的光。

6.2 天空盒

Unity 使用天空盒（Skyboxes）技术来给游戏场景添加天空，如图 6.43 所示。具体来讲，就是将整个游戏场景放在一个由 6 幅正方形的纹理图无缝拼接成的立方体中。这样，从游戏中的相机视角看出去，这个立方体就是罩在游戏场景上的"天空"。

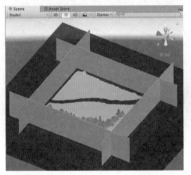

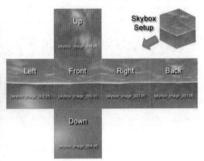

图 6.42 给地形加上边界　　　　图 6.43 天空盒技术

Unity 提供了两种给游戏添加天空盒的方法：第一种是给整个游戏场景添加天空盒，这种做法适用于希望玩家切换场景中的多个相机时天空不会发生改变的情况。但是若希望玩家切换不同的相机时，天空出现不同的景象，那么就需要采用第二种方法：给相机添加天空盒。

两种方法大同小异，本节以第一种方法为例，介绍 Unity 中天空盒的设置方法。

具体操作如下：

① 选择 Project 面板，在 Assets/Materials/ 文件夹下新建一个名为 skybox 的材质（Create → Material），如图 6.44 所示。

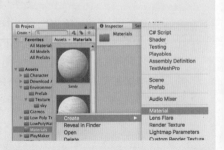

图 6.44 新建一个材质

② 选中这个新建的材质，如图 6.45 所示，将参数 Shader 改为 Skybox/6 Sided。

③ 在 Assets/Environment/Textures/Sky/ 文件夹下，找到已经做好的 6 个方向的天空贴图。它们已经按照顺序排好，折起来就是一个无缝拼接的天空。如图 6.46 所示，按照对应的名字将 6 张贴图分别拖入 skybox 材质的 6 个面中。

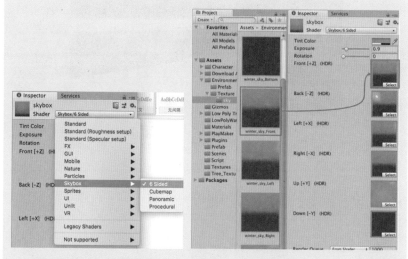

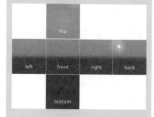

图 6.45　调整水面的高度　　图 6.46　给天空盒材质贴上六个面的贴图

④ 在菜单栏中选择 Window → Rendering → Lighting Settings，在跳出的窗口中，将刚创建的 skybox 材质赋给参数 Skybox Material，如图 6.47 所示。

打开 Lighting Setting 窗口：

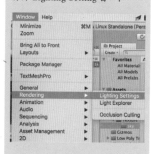

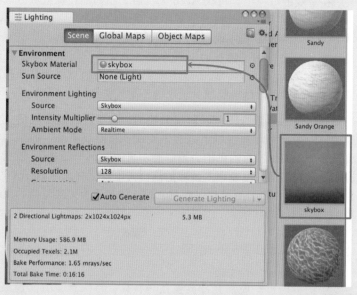

图 6.47　将天空盒赋值给游戏场景

这样运行游戏时，就可以看到在天空中出现了贴图中的太阳，如图 6.48 所示。

图 6.48 加上天空盒之后的游戏场景

6.3 关卡设计与实现

在 4.3.1 节中,我们已经给 Hero 建立了一个生命系统。在这个系统中,每遭受 Killer 的一次攻击,Hero 的生命值就会下降一定量。直至生命值为 0 时,Hero 就倒地宣告死亡。但是在实际的游戏中,通常不会让 Hero 死亡一次就结束整个游戏。而是在游戏的初始,给 Hero 提供 N 条命(一般 N 等于 3 或者 5)。只有当这 N 条命全部用完后,整个游戏才算结束。

假如在游戏的过程中,每次 Hero 死亡后,我们都让玩家从游戏初始的状态重新玩一遍,这种做法显然极不合理,会造成玩家的不耐烦。所以通常情况下,会在游戏中设置几个存档点(CheckPoint)。不同存档点表示玩家已经进行到了游戏的不同阶段,也就是不同的关卡。在这种机制下,每当 Hero 死亡时,只需让玩家从最近的存档点继续开始游戏就可以了。这种做法可以尽可能减少玩家的不耐烦情绪。

关于存档点的位置,既可以做成显性的,也可以做成隐性的。但无论是哪种,一般都可以通过以下方法来完成:在游戏场景中的某些特定位置放置一个碰撞体(看的见的,或者看不见的),一旦 Hero 撞到了这个碰撞体,就表明玩家已经进入游戏的这一关卡。保存此时 Hero 所在的位置。一旦 Hero 在之后的游戏中死亡,就让他在这个位置复活,重新开始游戏。

6.3.1 存档点

游戏中的存档点一般都会被放置在一些具有特殊意义的位置上,比如城堡的大门口、即将遇到战斗力很强的 Killer 的地方等。这里以一个小例子来说明游戏中存档点的设置和使用方法。在之前所建场景的渡河平台处设置一个存档点,如果 Hero 在渡河过程中落水,或者到达对岸后被 Killer 所杀,就让 Hero 回到这个渡河平台处,重新开始游戏。

具体操作如下：

① 在 Unity 中打开 Asset Store 窗口，以 Simple Gems Ultimate Animated Customizable Pack 为关键词，搜索并下载一个免费的 Low Poly 风格宝石素材包。然后将素材包导入游戏项目，这样在 Project 面板中的 Assets 下方，就会多出一个名为 Gems Ultimate Pack 的文件夹，里面有各种形状的宝石预制件，如图 6.49 所示。我们就用它来当作存档点。

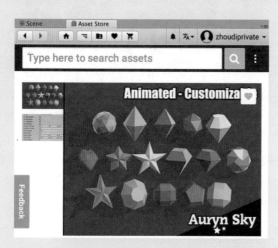

图 6.49　导入 Low Poly 风格的免费素材包

② 在 Assets/Gems Ultimate Pack/Models/ 文件夹下找到一个名为 5 Side Diamond 的模型，将它直接拖入 Scene 面板中，改名为 CheckPoint。并在 Assets/Gems Ultimate Pack/Materials/ 文件夹下找到一个蓝色的材质球，将它赋给 CheckPoint 物体，如图 6.50 所示。这样就能在场景中看到一个蓝色宝石样的物体。

名为 5 Side Diamond 的模型：

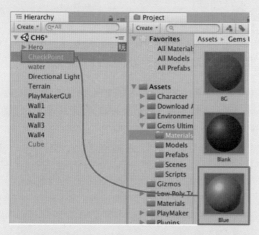

图 6.50　给 CheckPoint 物体赋上材质

③ 选中 CheckPoint 物体，在 Scene 面板中把它放在合适的位置上，比如悬在渡河平台的前面，如图 6.51 所示。在它的 Inspector 面板中，增加一个 Box Collider 碰撞体，并勾选 Is Trigger。这么做是因为在后面的步骤中需要检测 Hero 是否撞到 CheckPoint 物体上。

可以适当将水面高度下降一些，露出渡河平台。

注意观察这个导入的宝石模型，向上的那个箭头是蓝色，也就是 Z 轴。所以待会儿如果要旋转这个模型，应该让它沿 Z 轴旋转。

图 6.51 把 CheckPoint 物体放到合适的位置上

④ 在 CheckPoint 物体的 Inspector 面板中，将它的 Tag 设为 CheckPoint，如图 6.52 所示。（此处首先要添加一个新的 Tag，名为 CheckPoint。）

⑤ 在 Hierarchy 面板中选择 CheckPoint 物体，给它添加一个名为 Rotate CheckPoint 的 FSM。并按照图 6.53 给这个 FSM 添加一个名为 Rotate 的状态。

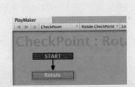

图 6.52 设置 CheckPoint 物体的属性　　图 6.53 Rotate CheckPoint FSM

⑥ 给 Rotate 状态添加一个动作。

● *Rotate*，此处将参数 Z Angle 设为 10，表示让 CheckPoint 物体每一帧都绕 Z 轴旋转 10 度，如图 6.54 所示。

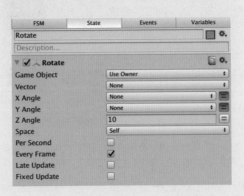

图 6.54 Rotate 状态中的动作

这时再运行游戏，就可以看到在渡河平台前有一颗蓝色宝石在旋转。指挥 Hero 向这颗宝石的位置走过去，可以发现 Hero 是能够从宝石中间穿过去的。之前我们已经分析过，设置存档点的目的，就是让 Hero 在死亡之后可以回到存档点所在的位置重新开始游戏。所以这个存档点的位置应该由 Hero 来记住。因此必须给 Hero 添加一个新的 FSM，专门用来记录离他最近的存档点的位置在哪儿。

具体操作如下：

① 在 Hierarchy 面板中选中 Hero，打开 PlayMaker 编辑窗口，给 Hero 再添加一个新的 FSM，命名为 CheckPoint。这个新 FSM 将用来检测 Hero 是否已经撞到了存档点，并且记录离他最近的存档点的位置。

② 按照表 6.1，在 Events 和 Variables 中添加 1 个自定义事件和 2 个变量。注意变量 CheckPoint 的数据类型为 GameObject，变量 Location 的数据类型为 Vector3。

表 6.1　Hero 的 CheckPoint FSM 中的 Events 和 Variables

	Event	Used
Events	FINISHED	2
	Collide With CheckPoint	1

	Name	Used	Type
Variables	CheckPoint	0	GameObject
	Location	0	Vector3

注意：因为这个场景中的 Hero 是 HeroPrefab 预制件的一个实例，所以给这个 Hero 实例添加新的 FSM 并对这个新 FSM 进行编辑时，会有一个提示：

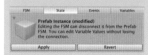

这个提示是告诉我们，正在对一个实例进行改动。如果不需要让 HeroPrefab 预制件也做这些改动，就不要去按这两个按钮。

③ 给 CheckPoint FSM 一共设置 3 个状态，分别命名为 Save Initial Location、Check Collision 和 Save Location。并按照图 6.55 进行状态转换。

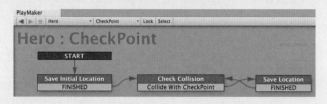

图 6.55　CheckPoint FSM 的状态转换

④ 按表 6.2，给 Save Initial Location 状态添加 1 个动作。

- *Get Position*，这个动作用来获取指定物体的当前位置。用在这里是为了把 Hero 在游戏初始时的位置记录下来，保存在 Location 变量中。

设置 Save Initial Location 状态的目的是如果 Hero 还没走到第一个存档点时就死亡了，那么就让玩家从游戏一开始 Hero 站着的位置重新开始玩。

⑤ 按表 6.2，给 Check Collision 状态添加 1 个动作。

- *Trigger Event*，此处用来检测是否已经和标签为 CheckPoint 的物体（也就是存档点）发生了碰撞。如果碰撞发生了，就把存档点保存到变量 CheckPoint 中，并触发 Collide With CheckPoint 事件。

⑥ 按表 6.2，给 Save Location 状态添加 2 个动作。

- *Get Position*，这里又用了一次 Get Position 动作，是为了把 Hero 撞到的存档点的位置保存在变量 Location 中。
- *Destroy Object*，这个动作用来让指定的物体从游戏场景中消失。此处用来在 Hero 撞到存档点之后，让变量 CheckPoint 中的物体，也就是存档点（蓝色宝石）消失。

表 6.2　CheckPoint FSM 中的所有动作

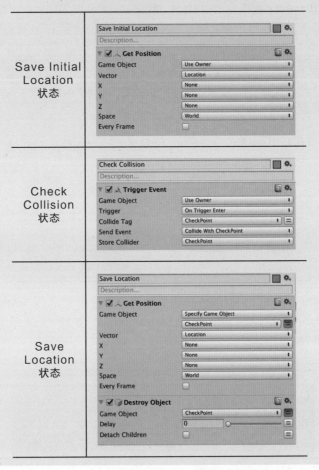

为了检测游戏的运行效果，我们让变量 CheckPoint 和 Location 的值能在 Unity 的 Inspector 面板中看到。如图 6.56 所示，在 PlayMaker 中勾选这两个变量的 Inspector，这样在 Unity 中 Hero 的 Inspector 面板中就会出现这两个变量的监控窗口。

此时运行游戏，可以看到一开始变量 Location 中存放的是 Hero 初始时的位置。一旦 Hero 撞到悬浮在空中的蓝色宝石，变量 Location 的值就会立刻变成存档点，也就是蓝色宝石的位置，同时宝石也会消失，并不妨碍 Hero 的前进。

大家可以自行尝试一下在场景中多放几个存档点，然后指挥 Hero 依次去撞这些存档点。如果没有错误，应该可以看到变量 Location 中的值始终是 Hero 最近一次撞到的那个存档点的位置。

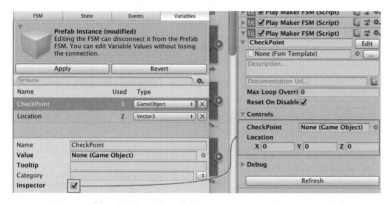

图 6.56 在 Unity 中实时观察变量 CheckPoint 和 Location 的值

6.3.2 Hero 的死亡与复活

建立了存档点之后,再来讨论如何让整个游戏在 Hero 死亡之后,重新回到存档点的位置。

在一般的游戏中,通常会设计两类导致玩家控制角色死亡的情况:第一种,在与 Killer 或者其他对手的互相攻击中,造成玩家控制角色的死亡;第二种,玩家控制角色进入场景中的某个特殊位置,比如掉下悬崖或者陷阱中,同样会导致玩家控制角色的死亡。对于第一种情况,已经在第 4 章中详细介绍了其实现方法。所以这里介绍一下如何让 Hero 因为游戏环境而发生死亡。

具体操作如下:

① 选择菜单栏 GameObject → 3D Object → Cube,给场景中再添加一个立方体。把它的 Tag 设为 Water。(先新建一个 Water 标签)。调整它的 Transform 属性中的 Scale 值和 Position 值,让这个立方体变成一个扁平的板状(Cube 物体),并且放在水面以下,如图 6.57 所示。这个扁平的 Cube 物体将用来检测 Hero 是否掉入水里。一旦 Hero 撞到这个埋在水下的 Cube 物体,就表示它已经掉入水里了。

图 6.57 在场景中添加一个扁平的 Cube 物体

通过调节这个 Y 值,让这个扁平的板状物体放在水面以下。

勾选 Is Trigger,以便对碰撞做出响应。

② 选择这个 Cube 物体,在它的 Inspector 面板中,把 Mesh Render 之前的钩去掉,也就是让这个 Cube 物体不可见。同时勾选 Box Collider 属性中的 Is Trigger。

③ 在 Hierarchy 面板中选中 Hero,打开 PlayMaker 编辑窗口,给 Hero 再添加一个新的 FSM,命名为 Water Check。这个新 FSM 将用来检测 Hero 是否已经掉入水中,并且在 Hero 掉入水中时通知它的生命

系统,让它死亡。

④ 按照表 6.3,在 Events 中添加 1 个自定义事件 Fall into Water。

表 6.3 Hero 的 Water Check FSM 中的 Events

Events	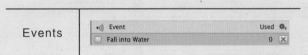

⑤ 给 Water Check FSM 设置两个状态,分别命名为 Check 和 In Water。并按照图 6.58 进行状态转换。

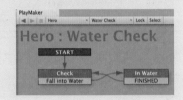

图 6.58 Watch Check FSM 中的状态转换

⑥ 按表 6.4,给 Check 状态添加 1 个动作。

● *Trigger Event*,这个动作用来检测指定的碰撞是否已经发生。此处用来检测是否已经和埋在水下的 Cube 物体发生碰撞。如果发生碰撞了,就触发 Fall into Water 事件。

⑦ 按表 6.4,给 In Water 状态添加 2 个动作函数。

● *Set Fsm Bool*,此处用来强制将 Hero 的 Health FSM 中的 getHit 变量的值设为 True。这样就可以使 Hero 在 Health FSM 中由 Hurt Check 状态转移至 Hurt 状态。也就是通知 Hero 的生命系统,它已经掉到水里了,准备扣除相应的生命值。

表 6.4 Water Check FSM 中的所有动作

Check 状态	
In Water 状态	

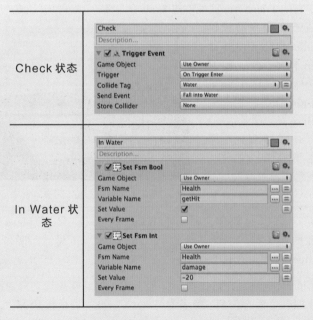

● *Set Fsm Int*,此处用来把 Hero 的 Health FSM 中的 damage 变量

的值设为 -20。因为我们在 4.3.1 节中把 Hero 的初始最大生命值设为了 20，所以一旦掉下水，就通知 Hero 的生命系统把自己的生命值减去 20，那么不管 Hero 之前是否已经遭受过 Killer 的攻击，它的生命值都会立刻减小至 0，或者小于 0。这样 Hero 的生命系统就会立刻判断 Hero 已经死亡。

如果设置都没有错误的话，此时运行游戏，指挥 Hero 故意走到河里去，就可以看到 Hero 在水中死亡，最终躺在河底，如图 6.59 所示。

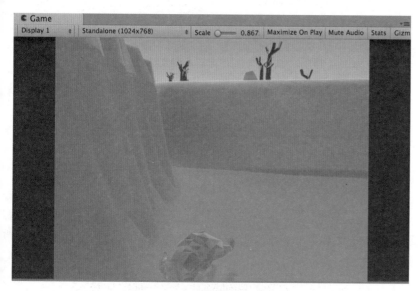

图 6.59 Hero 掉入水中进入死亡状态

然后就可以让死亡的 Hero 从最近的存档点复活。关于复活，与死亡一样，都属于 Hero 的生命系统负责的任务。因此我们选择在 Hero 的 Health FSM 中完成这部分操作。但是在对 Health FSM 进行修改之前，首先要来讨论一个关于预制件和实例的问题。

如图 6.60 所示，可以看到当前场景中一共有 5 个对象是受 PlayMaker 中的 FSM 控制的：CheckPoint、Hero、Hero_Collider、HeroPrefab(Prefab) 以及 Hero_Collider(Prefab)。如果一个受 FSM 控制的物体被做成了

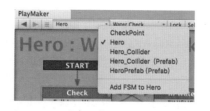

图 6.60 场景中所有受 FSM 控制的对象

预制件，那么在 PlayMaker 编辑窗口中就会出现两个同名物体，只是一个以 (Prefab) 结尾，一个没有 (Prefab)。就如同图 6.60 中的 Hero_Collider(Prefab) 和 Hero_Collider，以及 HeroPrefab(Prefab) 和 Hero。（事实上，这里叫 Hero 的对象原来的名字是 HeroPrefab，在 6.1.1 节往场景里导入这个北极熊时，为了方便，把名字改成了 Hero）。以 (Prefab) 结尾的是预制件，没有 (Prefab) 的就是放置在每个场景中的实例。大家可以观察一下，在游戏运行时，Hero_Collider(Prefab) 和 HeroPrefab(Prefab) 中的任何 FSM 显示的都是 DISABLED。也就是说只有游戏运行场景中的

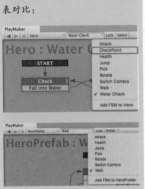

Hero 实例中的 FSM 列表，与 HeroPrefab 预制件中的 FSM 列表对比：

这个实例的 FSM 是真正在运行的，而所有预制件中的 FSM 都是不运行的。

在 5.3 节中介绍过，如果对预制件进行了修改，也就是对 PlayMaker 中用 (Prefab) 结尾的这些对象进行了修改，那么这种修改会影响到它的所有副本，也就是说它实例化出的所有实例也都会自动进行这种修改。但是假如对某一个实例进行了修改，也就是对不以 (Prefab) 结尾的这些对象进行修改，预制件却不会因此而产生任何改变，当然也不可能影响到任何其他的实例。所以虽然在 6.3.1 节中给 Hero 添加了一个 CheckPoint FSM，但是在 HeroPrefab(Prefab) 的所有 FSM 列表中是看不到这个名为 CheckPoint 的 FSM 的。

至于本节中在 Hero 的 Health FSM 中添加复活功能的操作，我们选择直接对 HeroPrefab 预制件进行修改。这样，今后在其他场景中再用到这个北极熊时，它就会拥有包括复活功能在内的完整生命系统了。但是在这之前，首先让 HeroPrefab 预制件也拥有一个 CheckPoint FSM。

具体操作如下：

① 在 PlayMaker 中，打开 Hero 的 CheckPoint FSM，单击提示中的 Apply 按钮，如图 6.61 所示。这样就可以把 Hero 实例中的所有修改都复制到 HeroPrefab 预制件中。此时再观察 HeroPrefab 预制件的 FSM 列表，就会发现已经有 CheckPoint FSM 了。

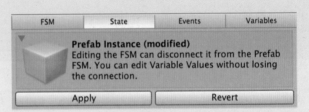

图 6.61　单击 Apply 按钮，将实例中的所有修改复制到预制件中

② 在 PlayMaker 中，打开 HeroPrefab 的 Health FSM，也就是直接对预制件进行修改。

③ 按表 6.5，给 Health FSM 再增加 2 个自定义事件：Game Over 和 Revive。并再增加 2 个变量：numberOfLives 和 revivalLocation，数据类型分别设为 Int 和 Vector3。在这里，变量 numberOfLives 表示 Hero 还剩几条命，设初值为 3，而变量 revivalLocation 则表示假如 Hero 复活了，它该从什么位置复活。

④ 给 Health FSM 再新增 3 个状态：Life Check、First_Die 和 Second_Revive。按照图 6.62 所示，修改状态转换。

⑤ 按表 6.6，给 Life Check 状态添加 1 个动作。

- *Int Compare*，此处用来检测 Hero 的生命是不是只剩下最后一条。如果是，那就触发 Game Over 事件，将状态转换至我们原来写的 Dead 状态；如果不是，表明此次 Hero 死亡后还应该再次复活，那就触发 Revive 事件，转换至 Revival 状态。

表 6.5 Health FSM 中完整的 Events 和 Variables

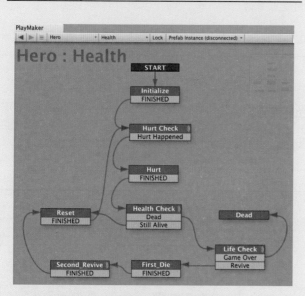

图 6.62 Health FSM 中的完整状态转换

⑥ 按表 6.6，给 First_Die 状态添加 8 个动作。

- *Enable FSM*，这里一共用了 5 次，分别用来禁用 Walk FSM、Rotate FSM、Attack FSM、Jump FSM 和 Pick FSM，也就是一旦进入 Revival 状态之后，就不再响应键盘上的任何键。之所以要这么做，是因为只要进入了 Revival 这个状态，也就意味着 Hero 死亡了（尽管它后面还会复活），所以对于一个死亡的角色来讲，不应该再响应任何键盘操作。

- *Int Add*，此处参数 Add 的值设为 −1，也就是把 Hero 的生命的条数减去 1。

- *Get FSM Vector3*，此处用来从 CheckPoint FSM 中获取 Hero 的复活位置。这个位置可能是最近的存档点，也可能是游戏初始时 Hero 的位置。

- *Play Animation*，尽管稍后会复活，但此时也必须先播放死亡的动画。

⑦ 按表 6.6，给 Second_Revive 状态添加 8 个动作。

- *Enable FSM*，这里一共也用了 5 次，用来把前一个状态中禁用的那些 FSM 再重新激活，也就是重新让 Hero 能响应键盘上的各种操作。注意此处的 Reset On Exit 都不要打钩。

- *Set Int Value*，此处用来将变量 blood 的值重新设为 maxblood。也就是让 Hero 复活的时候"满血"。

- *Set Position*，此处用来强制把 Hero 的位置放到复活位置去。同时把 Hero 在 Y 轴上的位置提高到 15，这么做是为了让 Hero 再次复活时有一个从天而降的效果。

事实上，如果这里的 Y 值不设为 15，仍旧保持 None，也没关系。这样 Hero 复活时就是站在平地上的。

- *Play Animation*，播放 Hero 休息时的动画，保证 Hero 再次复活时是站着的。

请大家思考一下为什么这里参数 Interger 2 要设为 1，而不是 0？

表 6.6 Life Check 状态、First_Die 状态、Second_Revive 状态中的动作

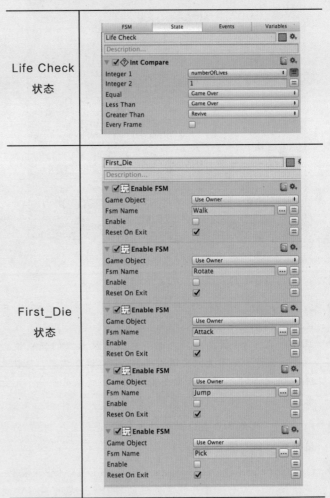

续表

First_Die 状态	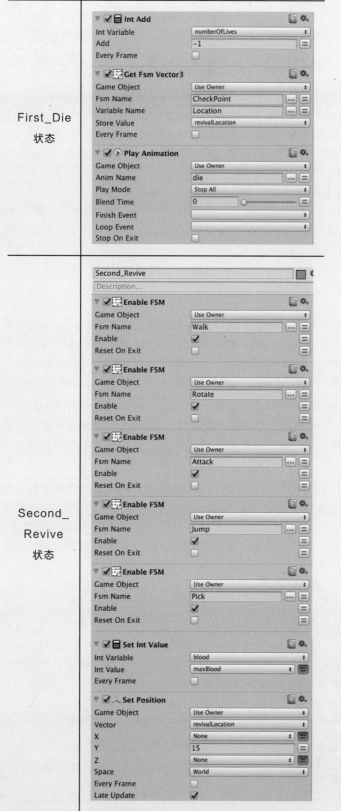
Second_ Revive 状态	

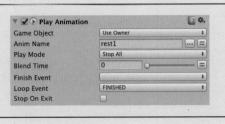

Second_
Revive
状态

再次运行游戏，指挥 Hero 故意掉入水中，可以看到 Hero 在水中先有一个很明显的倒地死亡动作，然后再回到陆地上，从天空降落到地面，然后可以继续通过键盘指挥 Hero。当 Hero 第三次死亡时，它就不再回到地面上，而是一直躺在水底，整个游戏结束，不再响应任何键盘上的按键。

6.4 声音设计与实现

声音在任何一款游戏中都占据着非常重要的地位。游戏中的声音大致可以分成两类：第一种是游戏音乐，比较长，一般作为游戏中的背景音乐使用，用来烘托氛围；另一种是游戏音效，时长比较短，经常用来配合游戏中角色的动作，比如开枪的声音、脚步声、玻璃瓶打碎的声音等。

Unity 支持 4 种音频格式的文件：.AIFF 格式、.WAV 格式、.MP3 格式、.OGG 格式。前两种比较适合用来当作较短的声音，充当游戏中的各种音效。后两种比较适合用来当作较长的音乐文件，作为游戏的背景音乐。

在 Unity 中想让游戏中有声音效果，其做法可以概括为一句话：在游戏中放置一个音频监听器（Audio Listener），再放一个或多个音源（Audio Source），有选择地加上一些音频效果（Audio Effects），运行游戏时音频监听器负责把这些声音输出，玩家就可以听到游戏中的各种声音了。

对于音频监听器，这其实不是一个物体，而是可以加载到某个游戏对象上的一种属性。在 Unity 中，每当我们新创建一个游戏场景时，系统就自动在这个场景中放置一个主相机，也就是 Hierarchy 面板中常见的 Main Camera，而这个 Main Camera 会自带一个 Audio Listener 属性，如图 6.63 所示。也就是说它既用来做相机，给玩家展示游戏中的场景，也负责将游戏中的各种声音播放给玩家听。

图 6.63 Main Camera 上自带有 Audio Listener 属性

至于 Audio Source 和 Audio Effects，也是加载在游戏对象上的两种属性，不能独立于游戏对象而存在在游戏中。正因为它们是加载在某个具体的游戏对象上的，所以如果使用的是 3D 声音，当带有 Audio Listener 的相机远离或靠近这个游戏对象时，玩家听到的声音会有远近变化的效果。这样能让整个游戏场景更立体。

下面给做好的游戏场景加上背景音乐，并且添加两处音效：Hero 撞到 CheckPoint 蓝色宝石时，发出宝石消失的声音；树林中有小鸟的叫声，Hero 远离树林时听不到叫声或者叫声较低，Hero 走进树林时，叫声则越来越清晰。

具体操作如下：

① 在 Unity 中打开 Asset Store 窗口，搜索并导入以下三个免费的声音资源包：Jungle Animal Sound FX,Free Casual Game SFX Pack、Warped Fantasy Music Pack，如图 6.64 所示。

导入之后，在 Assets 文件夹下方会多出三个文件夹，名字分别为 CasualGameSounds,Sound fx,Warped Fantasy。

Asset Store 中有很多非常好的声音资源包，分成氛围、音乐、音效三大类。

图 6.64　从 Asset Store 中导入声音资源包

② 在场景中新建一个空物体。选择菜单栏 GameObject → Create Empty。把这个空物体改名为 DiamondSound，其 Tag 设为 Sound（此处要先新建一个名为 Sound 的标签），如图 6.65 所示。调整这个空物体的位置，让它与 CheckPoint 物体在同一个位置上（也就是让它们的 Transform 属性中的 Position 的值完全一样）。然后，将 DiamondSound 设为 CheckPoint 物体的子物体。

这个新建的空物体 DiamondSound 用来播放宝石消失的音效。

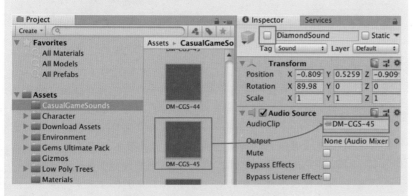

图 6.65　给 Audio Source 属性赋值

③ 在 Hierarchy 面板中选中 DiamondSound 物体，在它的 Inspector 面

板中添加一个名为 Audio Source 的属性。然后如图 6.65 所示，将 Assets/CasualGameSounds/DM-CGS-45 拖入参数 AudioClip 中。这样，DiamondSound 物体就知道它该播放什么声音了。因为我们并不需要在游戏初始时就播放这个声音，所以必须把 DiamondSound 前面的钩去掉，表示禁用这个物体，如图 6.65 中的红色方框所示。后面将由 FSM 来控制什么时候激活这个物体。

④ 在 PlayMaker 中，打开 Hero 的 CheckPoint FSM，在这个 FSM 中做一些修改，好让 Hero 在撞到存档点时有声音出现。首先给这个 FSM 增加一个名为 Sound 的变量，数据类型为 GameObject，如图 6.66 所示。

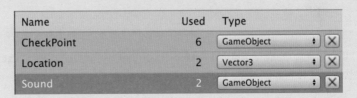

图 6.66　给 CheckPoint FSM 增加一个 Sound 变量

⑤ 选择 Save Location 状态，按照表 6.7，修改这个状态中的动作，即删除原有的 *Destroy Object* 动作，增加 2 个 *Destroy Component* 动作、1 个 *Get Child* 动作及 1 个 *Activate Game Object* 动作。

- *Destroy Component*，这个动作连续用了 2 次。第一次用来把场景中的 CheckPoint 物体的 MeshRenderer 属性删除，如图 6.67 所示。参数 Component 中的值请按图 6.66 所示进行选择。没有了 MeshRenderer 属性，这个 CheckPoint 物体在游戏场景中就看不见了。也就起到了 Hero 撞到蓝色宝石时，让宝石消失的效果。

如果把游戏物体的 MeshRenderer 属性删除，那么在游戏中就看不到这个物体了，但在 Hierarchy 面板中仍旧是有这个游戏物体的。如果直接用 *Destroy Object* 动作删除这个物体，那么在 Hierarchy 面板就看不到它了，也就是说它被真的从游戏中删除了。

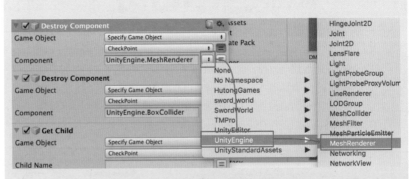

图 6.67　在 PlayMaker 中删除游戏对象的属性 MeshRenderer

- *Destroy Component*，第二次使用这个动作是为了把 CheckPoint 物体的 Box Collider 属性删除，也就是让它不再对碰撞有响应。之所以这么做，是因为虽然我们用上一个 *Destroy Component* 动作让 CheckPoint 物体不再在游戏场景中显示出来，但其实这个蓝色宝石还是在游戏中存在的，只是看不到而已。所以如果不删除它的碰撞体属性，那么 Hero 如果第二次走过这个位置，仍旧会把这个看不到的 CheckPoint 的位置记录下来。这显然不符合游戏的预设规则。所以在这里删除了它的碰撞体，让这个看不见的 CheckPoint 不再对碰撞有反应。

- *Get Child*，这里用来获取 CheckPoint 的带有 Sound 标签的子物体，也就是 DiamondSound，并将它存到变量 Sound 中。
- *Activate Game Object*，此处用来激活 DiamondSound，一旦激活就会自动播放 DiamondSound 中的声音，也就是前面指定的 DM-CGS-45 声音文件。

> 这两个 Sound 是不一样的，一个是标签，一个是变量。之所以取相同的名字，是想表达它们之间的关系，但并非一定要取相同名字。

表6.7 Save Location 状态中的所有动作

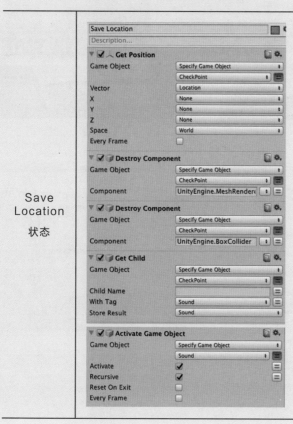

Save Location 状态

此时运行游戏，指挥 Hero 走向蓝色的宝石，在它撞到蓝宝石的时候，玩家就可以听到清楚的声音了，同时蓝宝石在空中消失。这个例子介绍了如何用 PlayMaker 控制游戏中声音的播放。下面给整个游戏加上背景声音，并且在树林中做出 3D 的鸟叫声效果。

具体操作如下：

① 在场景中新建一个空物体。选择菜单栏 GameObject → Create Empty。把这个空物体改名为 BirdSound，调整它的位置，让它位于我们之前建的树林中，如图 6.68 所示。

② 在 BirdSound 的 Inspector 面板中，添加一个 Audio Source 属性。将 Assets/Sound fx/Animals/Birds/Parrot Call #2 拖入参数 AudioClip 中。如图 6.69 所示，这次 BirdSound 之前的方框必须要打钩，表示在游戏初始时就开始播放鸟叫声。

可以从 Y 轴方向和 X 轴方向来观察，确保把 BirdSound 物体放到树林中。

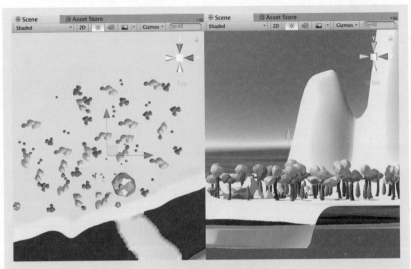

图 6.68　将声音源放在树林中

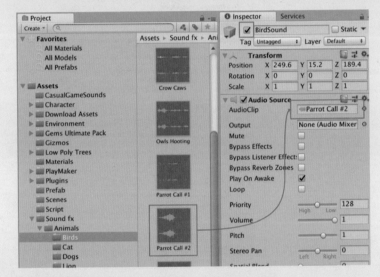

图 6.69　给 Audio Source 属性赋值

③ 如图 6.70 所示，在 Audio Source 属性中，对红框中的几个参数进行设置。其中参数 Spatial Blend 用来调节 3D 音效的程度，滑到最左声音就完全按 2D 音效方式输出，也就是不会有远近距离感；滑到最右就是完全按 3D 音效方式输出，此时监听器接近音源时能明显感觉音量变大，远离音源时音量就明显变小。

参数 Max Distance 规定了声音停止衰减的距离。如图 6.71 所示，当一个物体被添加了 Audio Source 之后，就会以这个物体为中心出现一个浅蓝色线围出来的球，这个球代表的就是这个音源的 3D 效果衰减范围。监听器在这个球之内，会根据距离音源的远近调整声音大小。如果监听器在这个球之外，那么不管离得多远，声音都不会再变小了。

事实上，如果想在 Max Distance 之外完全听不到声音，只需将光标移到衰减曲线上按住鼠标左键往下拉到底即可，也就是把衰减曲线由图 6.72 的左图变成右图。

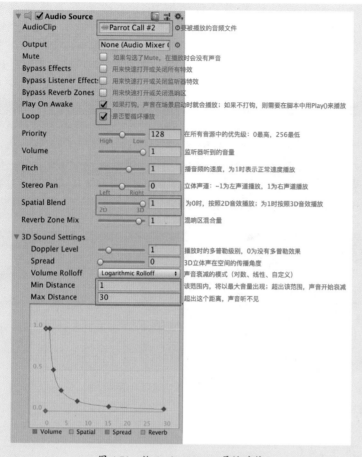

因为导入的音效 Parrot Call #2 里面只有一声鸟叫，所以为了有持续的鸟叫效果，这里要勾选 Loop。

Audio Source 属性最下方的这个图，就是声音的衰减曲线，可以手动调节。

图 6.70　给 Audio Source 属性赋值

图 6.71　设置声音的最大传播范围 Max Distance

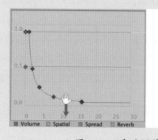 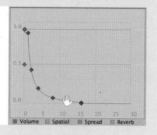

图 6.72　手动调节声音的衰减曲线

为了测试鸟叫的效果，我们把 Hero 的初始位置先移到 Max Distance 的球之外，就像图 6.72 中那样，然后运行游戏。如果设置全部正确，游戏初始时应该没有任何声音，当 Hero 走进 Max Distance 的范围后，声音开始有远近变化效果。同时，加入的鸟叫声并不会影响 Hero 撞到蓝宝石时的音效。

最后给整个游戏加上背景音乐，让游戏从开始运行时起，就一直有一个背景音乐在播放。要实现这个效果，最简单的就是在场景中再添加一个空物体，让它负责播放背景音乐。参考图 6.73，把 Assets/Warped Fantasy/Exploring Magic 1 拖入这个空物体的参数 AudioClip 中。注意，对于背景音乐来说，一般参数 Spatial Blend 设为 2D 就可以了，这样在场景中的任何位置都能听到相同的背景音乐。

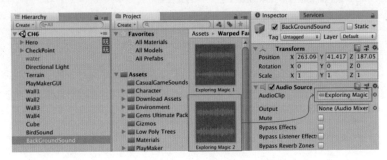

图 6.73　给游戏设置背景音乐

6.5　总结

本章介绍了如何设计与实现游戏世界中的四种重要元素：地形、天空、关卡，以及声音。本章具体讲解了如何创建地形（山脉、河流），Paint Height 工具，Raise/Lower Terrain 工具，Smooth Height 工具，地形的纹理，如何在地形平面上植树，LOD 技术，Paint Trees 工具，如何在地形平面上种草，Paint Details 工具，如何制作波动的水面，游戏场景的边界，天空盒技术，关卡的实现，存档点与位置保存，玩家控制角色的死亡与复活机制，PlayMaker 中的预制件与实例，Unity 游戏中播放声音的原理，音频监听器，音源，如何给游戏加背景音乐，如何用 PlayMaker 控制游戏音效的播放，3D 音效的使用。

本章使用到的 PlayMaker 动作包括 Rotate、Get Position、Trigger Event、Destroy Object、Set FSM Bool、Set FSM Int、Int Compare、Enable FSM、Int Add、Get FSM Vector3、Play Animation、Set Position、Destroy Component、Get Child、Activate Game Object。

游戏的图形用户界面设计

CHAPTER 07

7.1 游戏中的图形用户界面

无论要开发的是哪一种类型的电子游戏，图形用户界面（Graphical User Interface，GUI）在开发过程中，都毫无疑问占有重要的地位。所谓 GUI，就是指游戏中各种以图形方式出现、以将游戏中的信息传递给玩家或者从玩家那里获取各种输入信息为目的的界面。GUI 是玩家用来和游戏进行交互的一种重要途径。游戏存在的根本意义在于让玩家从与游戏的各种交互中产生愉悦的情绪。所以 GUI 这种交互方式，设计得是否友好、使用是否方便，很大程度上决定了玩家对于这款游戏的体验。

游戏中的 GUI，基本会在以下三种场合出现：

1. 游戏主菜单：在正式开始游戏之前，通常需要由玩家对游戏进行一些自定义设置，比如选择角色、选择道具、选择语言、选择是否播放背景音乐、选择从哪一关开始等。这些玩家自定义设置，通常都是用主菜单（也就是 Main Menu）来完成的。例如图 7.1，就是一个很典型的主菜单，左上角有一排六边形按钮，分别对应一类可供玩家选择或查看的信息。每单击一个按钮就会出现对应的子菜单，选择某一个菜单项后，右下角会出现这一项的详细信息。如果玩家想进入游戏开始探险，那么就要单击这个主菜单上的 PlAY NOW，这时主菜单就会关闭，随即打开游戏所在的场景。

图 7.1　游戏的主菜单（选自《刺客信条》）

2. HUD：游戏正式开始之后，会有一些关于游戏的重要信息始终出现在视野范围中，也就是所谓的 HUD（Head-up Display）。这个起源于军事领域的技术，被移植到电子游戏中，指的就是把血量、得分、时间、可选武器等与玩家最相关的信息始终显示在游戏画面的一些特定区域上，让玩家可以随时查看这些信息，但又不会影响对整个游戏场景的视觉体验。比如图 7.2，就是选自《刺客信条》的一个场景。可以看到它的 HUD 分布在整个游戏视野的四个角上：左上角是生命值，也就是通常所说的血条；右上角是各种可供玩家选择的操作；左下角提示玩家当前使用的是哪种武器；右下角是一个小地图，方便用户时刻明确自己的当前位置。不管玩家在场景中怎么移动，HUD 都始终固定在这四个位置上。只是有可能根据场景的不同，改变 HUD 显示的内容。

图 7.2 游戏中的 HUD（选自《刺客信条》）

3. 在游戏进行过程中，在特定场合由玩家打开或自动弹出的信息界面：比如第 5 章中已经介绍过的与 NPC 之间的对话窗口，或者玩家打开的商店窗口、道具背包窗口等。比如图 7.3，游戏《刺客信条》中的商店窗口，上面展示各种武器，并配有文字说明，玩家可以通过手柄或键盘来左右滑动，挑选武器。

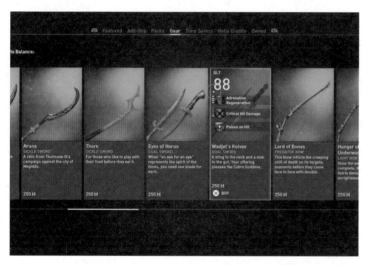

图 7.3 游戏的商店（选自《刺客信条》）

在 Unity 中，有一个 UGUI 系统专门用来制作游戏中的各种图形用户界面。在第 5 章中已经简单介绍过，UGUI 中的所有控件可以分为两大类：一类是像按钮、滑块、文本框这样的轻量级控件；另外一类被称为容器，也就是允许在其内部添加其他控件的那些控件。比如在 5.2.2 节中使用的画布（Canvas）和面板（Panel），就是两种典型的容器。如果想要在游戏场景中制作一个用户界面，通常的顺序是：首先在场景中放一个 Canvas，其次在 Canvas 上放一个 Panel，然后再将各种轻量级控件按照设计好的位置放在 Panel 上，如图 7.4 所示，这样我们才能在场景中看到这个用户界面。当然，Panel 并不是必需的，也可以直接把各种轻量级控件放在 Canvas 上。一般来讲，Panel 的用处是给用户界面加上一个带颜色或者图案的背景。如果希望直接在游戏场景中显示一个按钮或者文本框等轻量级按钮，而不想要任何背景，那就可以不用 Panel。

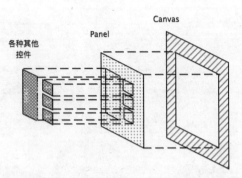

图 7.4　UGUI 中控件的安装顺序

下面详细介绍如何用 UGUI 和 PlayMaker 制作游戏中的各种图形用户界面。因为已经在第 5 章中讲解过角色之间对话窗口的设计实现方法，所以在这一章中，我们重点讨论 HUD 和游戏主菜单的制作。游戏中其他的 GUI 都可参考这些来构建。

> 关于角色对话窗口的设计与实现，请翻阅本书 5.2 节内容。

7.2　HUD 的设计与实现

无论游戏中的场景如何变化，HUD 始终都保持在相对固定的位置上。而且对于 HUD 来讲，一般并不会出现按钮、滑块等控件。也就是说 HUD 的功能通常仅限于把某种指定信息展示给玩家，而较少与玩家有动作上的交互。

不同类型的游戏，其 HUD 显示的内容也会有所差异。比如射击类游戏的 HUD 上一般会出现玩家的状态、武器的状态、地图、目标指示这四个方面的内容；模拟驾驶类游戏的 HUD 更加直接，就是模拟现实中赛车的 HUD 界面；格斗类游戏的 HUD 基本包含两部分内容：对战斗数据的统计，以及对战斗中精彩场面的描述。但不管是哪种类型的游戏，有两类信息在 HUD 上都是必须要出现的：玩家的状态（比如血条），以及游戏的进展程度（比如得分）。

本节将在在第 6 章完成的游戏项目基础上，给游戏构建一个 HUD，并提供两部分内容：第一部分用来指示 Hero 血量和所剩生命条数，第二部分用来指示 Hero 在整个地形上的位置。

7.2.1　血条

首先来介绍如何构建一个 HUD，并在上面显示玩家控制角色当前的血量，以及剩余的生命条数。

> **具体操作如下：**
>
> ① 打开上一章中最后完成的游戏场景，另存为 CH7。选择菜单栏 GameObject → UI → Canvas，给场景中添加一个 Canvas 容器，并将它改名为 HUDCanvas。因为 HUD 需要始终浮于游戏场景之上，

不能被其他对象遮挡，而且这里不需要 HUD 对相机有深度感，所以如图 7.5 所示，把 HUDCanvas 容器的参数 Render Mode 设为 Screen Space - Overlay。

关于三种 Render Mode 的详细解释，请回顾一下 5.2.2 节。

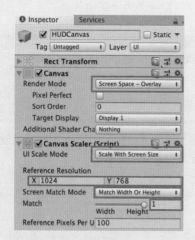

图 7.5 让 HUDCanvas 的大小能自适应屏幕

② 如图 7.5 所示，设置 HUDCanvas 容器的 Canvas Scaler (Script) 属性：将参数 UI Scale Mode 设为 Scale With Screen Size，参数 Reference Resolution 设为 X=1024、Y=768，参数 Match 设为 1。

这么做是为了让游戏在发布时，其大小能自适应屏幕。图 7.5 中的属性 Canvas Scale (Script)，就是用来让游戏适应不同的分辨率的。其中参数 UI Scale Mode 规定的是 UI 的整体缩放模式，如果设为 Scale With Screen Size，那么游戏在发布时就会根据屏幕的尺寸自动调整 UI 的缩放值。但是在自动缩放之前，首先要让系统知道以什么为蓝本来进行缩放。这个蓝本参考分辨率 Reference Resolution，也就是在制作游戏的 UI 时使用的那个场景的分辨率。在 Game 面板的显著位置上就可以设置游戏制作的分辨率，在本例中，我们使用的分辨率是 1024×768，所以在图 7.5 中把参考分辨率 Reference Resolution 设为 X=1024、Y=768。

Game 面板中可以设置游戏制作时的分辨率：

在这个参考分辨率下，稍后将在 Scene 面板中把 HUD 搭建出来，也就是把各种 GUI 控件摆到 HUDCanvas 的预定位置上。如果未来在其他分辨率的硬件上运行这个游戏，就会自动根据新分辨率与参考分辨率之间的比例，来缩放 HUDCanvas 以及它上面的各种 GUI 控件。图 7.5 中的参数 Screen Match Mode 规定的就是在发生缩放时采用的模式。假如设为 Match Width Or Height，那就根据下方 Match 中的值来规定最终决定整体缩放值的是屏幕的高度还是宽度。一般而言，如果是横版游戏，Match 值就设为 1，也就是滑块拉到最右侧。因为屏幕宽度大、高度小，所以必须用高度来决定缩放值。如果是竖版游戏，Match 值就设为 0，也就是滑块拉到最左侧。

③ 在 Hierarchy 面板中右击 HUDCanvas，在出现的菜单中选择 UI → Image。这样就给 HUDCanvas 添加了一个 Image 控件作为子物体，将它改名为 HeroLife1。

④ 在 5.2 节导入的 Low Poly 风格 GUI 素材包中找到一个红色心形图标，

场景中出现一个心形：

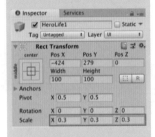

具体位置为：Assets/Low Poly UI Kit-v.1.1c/UI Kit/Icons/PNG/Icon_Heart_Filled。如图 7.6 所示，将这个图片拖入 HeroLife1 的 Image 属性中的参数 Source Image 里。这样就能在 Game 窗口中，看到场景中出现一个红色 Low Poly 风格的心形。

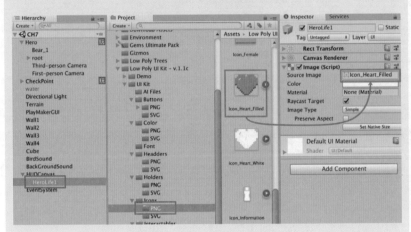

图 7.6　给 Image 控件加载图片

⑤ 在 HeroLife1 的 Inspector 面板中，调节 Rect Transform 属性中的参数 Scale，例如设为 (0.3, 0.3, 0.3)，也就是把这个红色心形调节至合适的大小。然后在 Hierarchy 面板中选择这个 HeroLife1 控件，并在 Scene 面板中按 F 键，这样能在 Scene 面板中迅速定位这个 HeroLife1 控件。然后手动将这个心形摆放在 Canvas 的左上角，如图 7.7 所示。这些红心将用来代表 Hero 所剩生命的条数。

调节控件的大小：

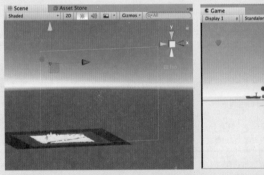

图 7.7　将控件放到 Canvas 上的合适位置

如果把 Canvas 控件的渲染方式选为 Screen Space – Overlay，那么在 Scene 面板中就会看到一个巨大的白色线框，这就是 Canvas 控件。虽然看上去它在整个地形上方，但其实不用管它在 Scene 窗口中的大小和位置，因为它在 Game 窗口中始终与相机视角下的游戏场景一样大。

⑥ 重复步骤③~⑤，再给 HUDCanvas 控件添加 2 个 Image 控件作为子物体，分别命名为 HeroLife2 和 HeroLife3。给它们也赋上红色心形图片，并将它们放在第一个红心的右侧，代表 Hero 在游戏初始时有三条命。

Hero 在游戏初始时有三条命：

⑦ 右击 HUDCanvas，在弹出的菜单中选择 UI → Panel，给 HUDCanvas 容器再添加一个 Panel 容器作为子物体，并将它改名为 BloodContainer。调节它的 Rect Transform 属性中的参数 Scale，将这个 Panel 的形状变成如图 7.8 所示的长条状，并把它放在三个红心的上方。

Panel 容器本身就是白色半透明的，当然也可以通过它的 Image 属性中的参数 Color 来改变它的颜色和透明度。其中 R、G、B 控制颜色，A 控制透明度。

图 7.8　添加一个 Panel 容器　　图 7.9　调节 Panel 的颜色及透明度

⑧ 选中 BloodContainer，给它再添加一个 Image 控件作为子物体，命名为 BloodBar。如图 7.10 所示调节 BloodBar 的大小，让它位于 BloodContainer 的内部。注意不要通过参数 Scale 来改变 BloodBar 的大小，而要通过参数 Width 和 Height 来调整它的长和宽。这是因为后面将根据 Hero 的血量来调节 BloodBar 的长度，所以请保持 Scale 参数的值为 (1, 1, 1)。另外，将参数 Pivot 的值设为 (0, 0)，表明 BloodBar 以它的左下角为中心，将来缩放时也以左下角为参考点。同时在 BloodBar 的 Image 属性中，调节参数 Color，将颜色设为绿色。

HUDCanvas 的层次结构：

调节 Image 控件的颜色：

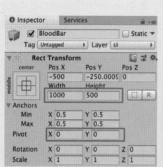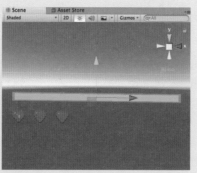

图 7.10　在 Panel 容器中添加一个 Image 控件

⑨ 在 Hierarchy 面板中选择 HUDCanvas，打开 PlayMaker 编辑窗口，

HeroLife Controller FSM 的用处，就是控制每当 Hero 丢掉一条命时，就把图 7.10 中跟这条命相对应的红心变成白色心形。也就是如果 Hero 第一次死亡时，最右侧的那个红心变成白色；Hero 第二次死亡时，中间的那个红心也变成白色；Hero 第三次死亡时，所有红心都变成白色。

因为只有 Hero 的 Health FSM 中才保存有 Hero 是否死亡的信息，（大家可以回顾一下 4.3.1 节的内容），所以这里采用如下的实现方法：一旦 Hero 的 Health FSM 中检测出 Hero 出现了死亡的情况，就把这个消息通知给 HeroLife Controller FSM，然后根据这是第几次通知，来决定让第几个红心变成白色。

变量 DeadNotification 和 LifeCount 的初始值：

给它添加一个 FSM，命名为 HeroLife Controller。并按照表 7.1 在 Events 和 Variables 中分别添加 4 个自定义事件以及 2 个变量。注意：变量 DeadNotification 的初始值必须设为 False，而变量 LifeCount 的初始值要设为 3。

表 7.1　HeroLife Controller FSM 中的 Events 和 Variables

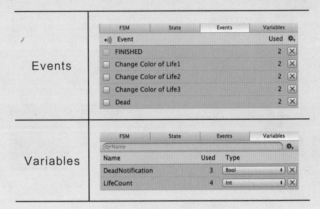

⑩ 在 HeroLife Controller FSM 中设置 5 个状态：Dead Inform、Turn Red to White、Life1、Life2 和 Life3，并按照图 7.11 进行状态转换。

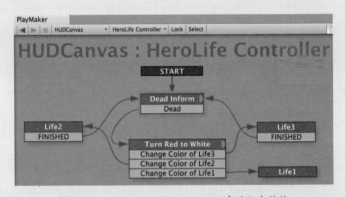

图 7.11　HeroLife Controller FSM 中的状态转换

⑪ 按表 7.2，给 Dead Inform 状态添加 1 个动作。

- *Bool Test*，此处用来检测变量 DeadNotification 是 True 还是 False。待会儿我们会回到 Hero 的 Health FSM 中进行修改，让 Health FSM 在每次 Hero 死亡的时候，强制让变量 DeadNotification 由 False 变成 True。所以在本状态中，不断检测变量 DeadNotification 的值，一旦发现其值变为 True，就触发 Dead 事件，转到下一个状态。

Dead Inform 状态主要用来检测是否接到 Hero 死亡的消息。

⑫ 按表 7.2，给 Turn Red to White 状态添加 1 个动作。

- *Int Compare*，此处用来判断该让第几个红心变成白色。这里将参数 Integer 1 设为变量 LifeCount，参数 Integer 2 设为 2。变量 LifeCount 是用来统计 Hero 当前剩余的生命数量的，因为它的初始值为 3，所以变量 LifeCount 在整个游戏的运行过程中只会有三种取值：3、2、1。每死亡一次，LifeCount 的值就减去

Turn Red to White 状态主要用来决定到底应该把第几颗红心变成白色。

1。如果LifeCount与2相比，比2大，那就意味着Hero一次都没有死亡过，所以触发Change Color of Life3事件，把状态转到Life3，让最右侧的那个红心变成白色。如果此时LifeCount与2一样大小，那就表明Hero已经死亡过一次，所以应该触发Change Color of Life2，把状态转到Life2，把中间的那个红心变成白色。同理，如果LifeCount比2小，表明LifeCount现在等于1，那就触发Change Color of Life1，把最左侧的那个红心也变成白色，表示Hero所有的生命条数都消耗完了。

⑬ 按表7.2，给Life3状态添加3个动作。

- *Int Add*，在把HUD上的红心变成白色的同时，还有一件很重要的事要做，就是把Hero的生命数量减去1。所以此处我们用这个动作给变量LifeCount的值加上-1，也就是减去1。

- *UI Image Set Sprite*，这个动作可以用来给指定的Image控件设置贴图。如图7.12所示，把Hierarchy面板中的HeroLife3拖入这个动作的参数Game Object。同时，从Assets中把白色心形贴图拖入*UI Image Set Sprite*动作的参数Sprite中，也就是给场景中的HeroLife3赋上白色心形的贴图。这个动作一旦执行，在视觉上HUD最右侧的这个心形就会由红色变成白色。

> Life3状态用来把最右侧的红心变成白色。

> 这个白色心形贴图的具体位置为：Assets/Low Poly UI Kit-v.1.1c/UI Kit/Icons/ PNG/Icon_Heart_White

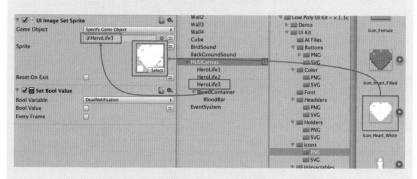

图7.12 设置 *UI Image Set Sprite* 动作的参数

- *Set Bool Value*，这里用来把变量DeadNotification的值重新设为False。这是因为当Life3状态执行完毕之后，会转回Dead Inform状态，重新开始不断检测Hero是否又出现了死亡的情况。所以如果在Life3状态执行结束之前，没有把变量DeadNotification的值由True变回False，那么当回到Dead Inform状态时，就会因为变量DeadNotification仍旧为True，而立刻又转至Turn Red to White状态，这样就会造成错误。

⑭ 按表7.2，给Life2状态添加与Life3状态完全一样的3个动作。只是将其中的*UI Image Set Sprite*动作的参数Game Object改为HeroLife2，表示把HUD上中间的那个红心变为白色。

> Life2状态用来把中间那颗红心变成白色。

⑮ 按表7.2，给Life1状态添加1个动作。

- *UI Image Set Sprite*，这里用来把最左侧的那个红心变成白色，参数Game Object设为HeroLife1。

> Life1状态用来把最左侧的红心变成白色。

> Life1状态中不需要像Life2状态和Life3状态那样，再添加*Int Add*动作和*Set Bool Value*动作，

因为一旦进入 Life1 状态，也就意味着 Hero 彻底死亡了，所有的 3 条生命都消耗光了。所以整个游戏即将结束，因此也不需要再修改什么变量了。

注意此处要勾选 Every Frame，表示要不停地检测。

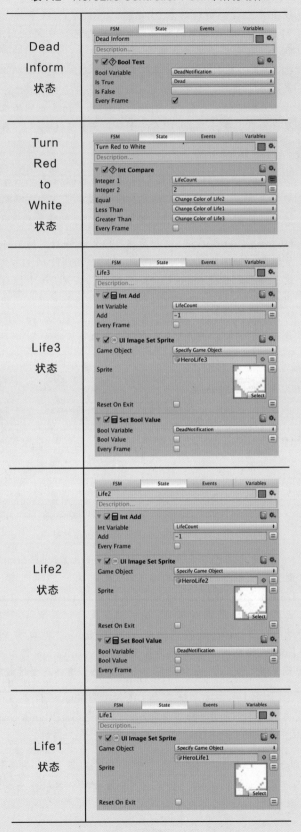

表 7.2　HeroLife Controller FSM 中所有动作

⑯ 打开 Hero 的 Health FSM，给它添加一个新的变量，名为 HUDCanvas，数据类型为 GameObject。并从 Hierarchy 面板中将 HUDCanvas 容器拖入这个变量的参数 Value 中，也就是给这个名为 HUDCanvas 的变量赋了值。

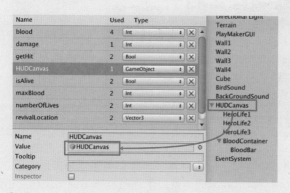

给 Hero 的 Health FSM 中的变量也命名为 HUDCanvas，是为了表示它是用来指代场景中的 HUDCanvas 容器的。如果想取不一样的名字，也是可以的。

图 7.13　给 Hero 的 Health FSM 增加一个变量 HUDCanvas

⑰ 选择 Health FSM 中的 Life Check 状态，并按图 7.14 给这个状态添加一个动作。

- Set FSM Bool，这里把参数 Game Object 设为变量 HUDCanvas，参数 FSM Name 设为 HeroLife Controller，参数 Variable Name 设为 DeadNotification。大家可以回顾一下上一章中图 6.62 的状态转换，如果 Hero 当前处于 Life Check 状态，那意味着它一定是出现了死亡的情况。所以在这个状态中就应该立刻通知 HUDCanvas 容器的 HeroLife Controller FSM。通知的方式就是把 HeroLife Controller FSM 中的变量 DeadNotification 设为 True。这样在 HeroLife Controller FSM 中，就会由 Dead Inform 状态转至 Turn Red to White 状态。

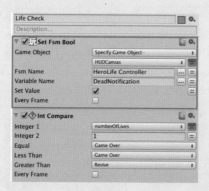

注意：Set FSM Bool 动作必须要放在 Int Compare 动作之前。如果放在其之后，当执行到 Int Compare 动作时，就会将状态转移出去，而根本不会执行后面的 Set FSM Bool 动作。

图 7.14　在 Life Check 状态中增加一个动作 Set FSM Bool

此时运行整个游戏，大家可以指挥 Hero 故意走进水里，看看会有什么效果。如果以上设置全部正确的话，可以看到每次 Hero 掉进水里，游戏场景中左上角的三个红心，就会有一个红心变成白色。第一次死亡时，最右侧的红心变成白色。第二次死亡时，中间的变成白色。第三次死亡时，场景会一直停留在 Hero 躺在水下的样子，同时左上角的所有红心都变成了白色。

图 7.15　每死亡一次就会依次有一个红心变成白色

至于红心上方的那个绿色的血条，合理的显示方法应该是每开始一次新的生命时，绿色血条呈现满格状态，随着 Hero 在游戏中受到攻击、血量出现下降，这个绿色血条的长度会缩短。当血条长度为 0 时，Hero 的这条生命就消耗完了，下方的红心也就应该有一个变成白色。然后 Hero 复活，开始使用下一条生命进行游戏，这时上方的绿色血条应该再次满格，然后重复以上整个过程。另外，为了更清晰地提示玩家 Hero 当前的生命状态，可以在不同的阶段把血条设为不同的颜色。比如当血量大于 2/3 时，血条显示为绿色。如果血量小于 2/3 但是大于 1/3，血条就显示为黄色。如果血量小于 1/3，就显示为红色。

另外，事实上，只有 Hero 的 Health FSM 中含有关于当前血量的信息，大家可以再回顾一下这个 Health FSM。它的变量 blood 就是用来实时保存 Hero 的血量的。所以我们在控制 HUD 中的血条长度时，必须要用到这个 blood 变量。

具体操作如下：

① 在 Hierarchy 面板中选中 HUDCanvas 容器，给它再添加一个新的 FSM，命名为 BloodBar Controller。这个 FSM 将用来把 Hero 的血量实时反映在游戏场景中。

② 按照表 7.3，在 Events 和 Variables 中分别添加 4 个自定义事件和 7 个变量。注意这些变量的数据类型必须设置正确。变量 HurtNotification 和 ReviveNotification 的初始值都要设为 False。如图 7.16 所示，从 Hierarchy 面板中把 Hero 对象直接拖入此处的变量 Hero 中，完成赋值。

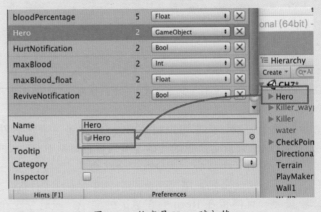

图 7.16　给变量 Hero 赋初值

表 7.3　HUDCanvas 的 BloodBar Controller FSM 中的 Events 和 Variables

Events	Event	Used
	FINISHED	6
	Hurt Happened	2
	Revive Happened	2
	Set Green	3
	Set Red	2
Variables	Name / Used / Type	
	blood / 2 / Int	
	bloodPercentage / 5 / Float	
	Hero / 2 / GameObject	
	HurtNotification / 2 / Bool	
	maxBlood / 2 / Int	
	maxBlood_float / 2 / Float	
	ReviveNotification / 2 / Bool	

③ 给 BloodBar Controller FSM 设置 7 个状态，分别命名为 Initialize、Hurt Inform、Shorten the BloodBar、Color Determine、BloodBar_Green、BloodBar_Red 和 BloodBar_Yellow，并按照图 7.17 进行状态转换。

④ 按表 7.4，给 Initialize 状态添加 5 个动作。

● *Get FSM Int*，这个动作用来从 Hero 的 Health FSM 中获取变量 maxBlood 的值，并将它赋给本 FSM 中的同名变量 maxBlood。因为在后面计算血条的长度时，需要用到当前的血量与"满血"时的血量，这样才能根据两者之间的比例来决定血条的长度。所以此处首先获取"满血"时的血量 maxBlood。

> Initialize 状态用来在每条生命使用之初进行各种初始化。

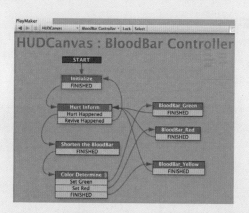

图 7.17　BloodBar Controller FSM 中的状态转换

● *Convert Int To Float*，这个动作用来将一个整型变量转换成一个浮点型变量。在这里用来把刚获取的"满血"血量 maxBlood 转换成一个浮点数，并存放在变量 maxBlood_float 中。这么做是因为后面要求当前血量与"满血"血量的比例，也就是要做除法，而 PlayMaker 中规定只有两个浮点型数据之间才能做除法，所以此处必须把整型数据转换成浮点型数据。

> 例如：3 是一个整型数据，而 3.0 就是一个浮点型数据。

将 Hierarchy 面板中的 BloodBar 控件直接拖入 PlayMaker，生成一个 *Set Property* 动作：

- *Set Property*，这个动作并不是从 Action Browser 中选出来的，而是如图 7.18 所示，将 Hierarchy 面板中的 BloodBar 控件直接拖入 Initialize 状态中的空白处，然后自动出现一个下拉菜单，选择其中的 Image 选项，并进一步选择 Set Property 选项，这样就可以添加一个专门针对 BloodBar 控件的 *Set Property* 动作了。

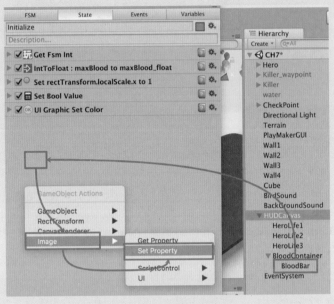

图 7.18　给 Initialize 状态中添加一个 *Set Property* 动作

添加完 *Set Property* 动作之后，如图 7.19 所示，将它的参数 Property 设为 rectTransform.localScale.x。并将参数 Set Value 的值设为 1，表示在游戏初始时把血条的长度 X 轴方向上的缩放比例设为 1，也就是不进行缩放。

观察 Scene 面板，血条长度方向上的轴是用红色表示的 X 轴，所以这里可以确定缩放应该发生在 X 轴上。

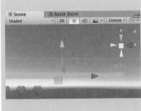

对于 Image 控件来说，rect Transform.localScale.x 专门用来控制这个 Image 控件在 X 方向上的缩放程度。

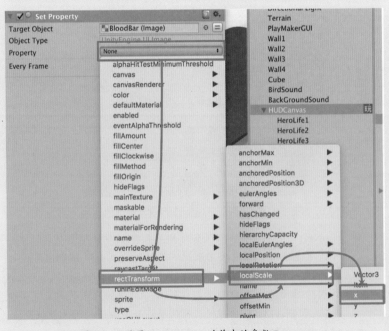

图 7.19　设置 *Set Property* 动作中的参数 Property

- *Set Bool Value*，此处用来强制在每条生命开始之初，确保变量 ReviveNotification 的值为 False。这个变量只有当 Hero 发生复活时，才会变成 True，其他时候都应该是 False。

- *UI Graphic Set Color*，这个动作是从 Action Browser 中添加的。从 Hierarchy 面板中把 BloodBar 拖入这个动作的参数 Game Object 中，并将 Color 设为绿色，即 RGBA(0,255,0,180)。表示在每条生命使用之初，血条都是绿色。

⑤ 按表 7.4，给 Hurt Inform 状态添加 2 个动作。

- *Bool Test*，这个动作在本状态中一共用了 2 次，分别用来检测变量 HurtNotification 和 ReviveNotification 是 True 还是 False。这两个变量在每条生命使用之初都是 False。只有当 Hero 遭受到攻击、血量要下降时，变量 HurtNotification 才会受到 Hero 的 Health FSM 的通知，从而变成 True。类似地，只有 Hero 在复活时，Health FSM 才会通知把这里的变量 ReviveNotification 变成 True。所以在本状态中连续用两次 Bool Test 动作，来判断当前 Hero 是受到了攻击、需要转到 Shorten the BloodBar 状态，还是刚丢失一条命正在复活中、需要转回 Initialize 状态。

Hurt Inform 状态用来判断当前 Hero 是受到了攻击还是 Hero 正在复活。

⑥ 按表 7.4，给 Shorten the BloodBar 状态添加 5 个动作。

- *Get Fsm Int*，此处用来从 Hero 的 Health FSM 中获取当前血量，并存放在同名变量 blood 中。

- *Convert Int To Float*，因为变量 blood 是整型，不能直接参与除法运算。所以此处用这个动作来把 blood 转换成浮点型数据，并存放在一个浮点型变量 bloodPercentage 中。

- *Float Divide*，这个动作用来在两个浮点型数据之间做除法。此处用来计算当前血量占"满血"血量的百分比。也就是：bloodPercentage=bloodPercentage/maxBlood_float。注意此处等号右侧的 bloodPercentage 是当前血量 blood 经过浮点转换之后的数据。而等号左侧的 bloodPercentage 就是当前血量占"满血"血量的百分比。

- *Set Property*，这个动作是直接将 Initialize 状态中的 Set Property 动作复制粘贴过来的，只是把参数 Set Value 设为刚计算出的 bloodPercentage。这个动作用来根据 bloodPercentage 设置 HUD 上血条的长度。

- *Set Bool Value*，用来将变量 HurtNotification 设为 False。因为但凡来到 Shorten the BloodBar 状态，就意味着 Hero 受到了攻击，也就是说变量 HurtNotification 当前是 True，但是从 Shorten the BloodBar 状态经过 Color Determine 等状态之后，会再一次回到 Hurt Inform 状态，所以如果在回到 Hurt Inform 状态之前没有把变量 HurtNotification 变成 False 的话，那么一旦回到 Hurt Inform 状态，就会因为变量 HurtNotification 为 False，而立刻转入 Shorten the BloodBar 状态，从而造成错误。

Shorten the BloodBar 状态负责计算当前血条的长度，并决定当前血条的颜色。

Color Determine 状态，主要用来决定当前血条该设为绿色、黄色，还是红色。

我们在 Color Determine 状态中没有再用 *Float Compare* 动作来判断是否应该把血条设为黄色，而是用一个 FINISHED 事件把所有在前两次 *Float Compare* 动作中没有成功进行状态转换的，全部转至 BloodBar_Yellow 状态。

⑦ 按表 7.4，给 Color Determine 状态添加 2 个动作。

- *Float Compare*，连续用了两次。第一次用来判断 bloodPercentage 是否大于等于 2/3，如果是，就触发 Set Green 事件，把血条设为绿色。第二次用来判断 bloodPercentage 是否小于 1/3，如果是，就触发 Set Red 事件，把血条设为红色。

⑧ 按表 7.4，给 BloodBar_Green 状态添加 1 个动作。

- *UI Graphic Set Color*，此处用来把 HUD 上的血条设为绿色。把参数 Color 设为 RGBA(0,255,0,180)。

⑨ 按表 7.4，给 BloodBar_Red 状态添加 1 个动作。

- *UI Graphic Set Color*，此处用来把 HUD 上的血条设为红色。把参数 Color 设为 RGBA(255,0,0,180)。

⑩ 按表 7.4，给 BloodBar_Yellow 状态添加 1 个动作。

- *UI Graphic Set Color*，此处用来把 HUD 上的血条设为黄色。把参数 Color 设为 RGBA(255,255,0,180)。

表 7.4 BloodBar Controller FSM 中的所有动作

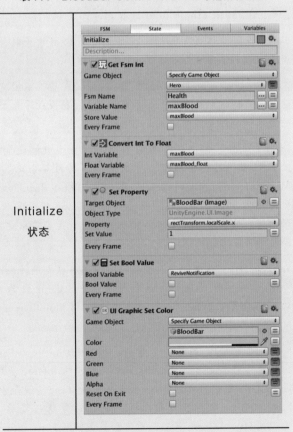

Initialize 状态

续表

状态	内容
Hurt Inform 状态	
Shorten the BloodBar 状态	
Color Determine 状态	
BloodBar _Green 状态	

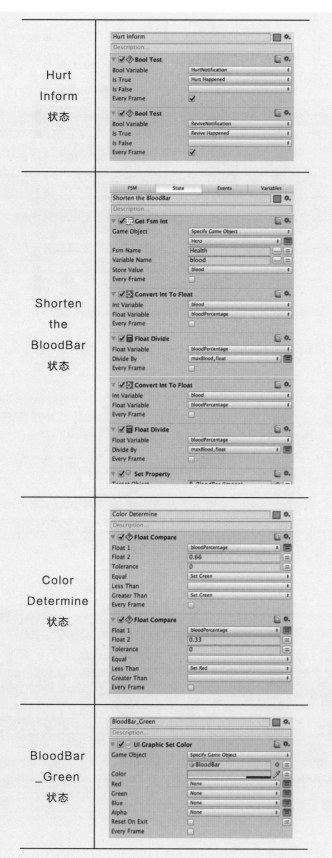

续表

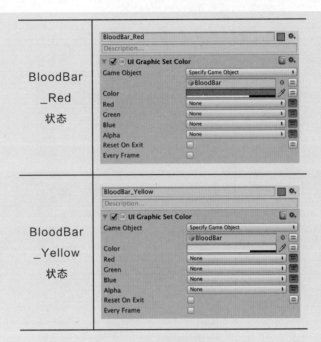

BloodBar _Red 状态	
BloodBar _Yellow 状态	

⑪ 打开 Hero 的 Health FSM，如图 7.20 所示，在 Hurt 状态中再添加一个动作。

- *Set Fsm Bool*，此处用来把 HUDCanvas 的 BloodBar Controller FSM 的变量 HurtNotification 设为 True，也就是通知 HUD，Hero 已经受到了攻击，现在需要把血条的长度缩短。

⑫ 在 Hero 的 Health FSM 中，如图 7.21 所示，在 First_Die 状态中再添加一个动作。

- *Set Fsm Bool*，此处用来把 HUDCanvas 的 BloodBar Controller FSM 的变量 ReviveNotification 设为 True，即通知血条，Hero 即将复活，要准备把血条重新显示为绿色满格。

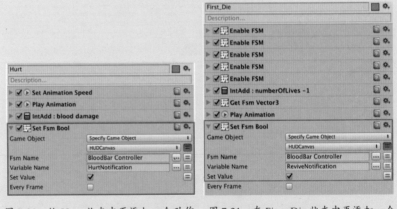

图 7.20　给 Hurt 状态中再添加一个动作　　图 7.21　在 First_Die 状态中再添加一个动作

为了测试血条的效果，需要把第 4 章中做的战斗型 NPC——Killer 加入当前的游戏场景，让它去攻击 Hero，以此来观察 HUD 上血条的变化。要在场景中加入 Killer，可以先回到第 5 章最后的场景，然后按照 5.3 节的方法，把 Killer 做成预制件后再加入本章的场景。

具体操作如下：

① 在 Unity 的 Project 面板中，打开 Assets/Scenes 文件夹中的场景 CH5。这是第 5 章最后保存下来的游戏场景。

② 在 Assets/Prefab 文件夹中新建一个空的 Prefab 物体：右击 Prefab 文件夹，选择 Create，再选择 Prefab。

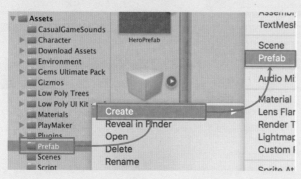

图 7.22　新建一个空的预制件

③ 如图 7.23 所示，选择 Hierarchy 面板中的 Killer 对象，直接拖入这个新的预制件中，就完成了对 Killer 预制件的构建。最后把这个预制件的名字改为 KillerPrefab，以便于识别。

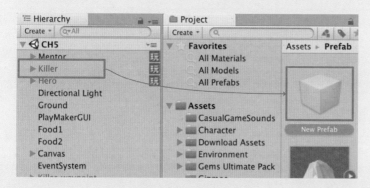

图 7.23　将 Killer 拖入新建的预制件

④ 因为 Killer 需要绕着 4 个巡逻点进行移动，所以如果要在新的场景中加入 Killer 这个角色，同时也要把巡逻点加入新的场景。所以此处也要把巡逻点做成预制件，随同 KillerPrefab 一起加入新的场景。

在 CH5 场景中，再添加一个空物体，选择菜单栏 GameObject → Create Empty，命名为 Killer_waypoint。并将 Hierarchy 面板中的 Killer_waypoint_01、Killer_waypoint_02、Killer_waypoint_03、Killer_waypoint_04 都设为 Killer_waypoint 的子物体。然后在 Assets/Prefab 文件夹下再建一个空的预制件，并拖入这个 Killer_waypoint 物体，也就是把 Killer_waypoint 做成预制件，改名为 Killer_waypointPrefab，以便于识别。

将 4 个巡逻点都放在一个空物体之下，作为子物体。

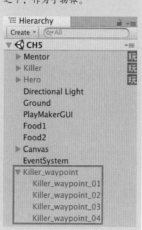

191

⑤ 保存并关闭场景 CH5，重新打开场景 CH7。从 Project 面板的 Assets/Prefab 文件中，将刚做好的 KillerPrefab 和 Killer_waypointPrefab 拖入 Scene 面板中的合适位置，这样就给新的场景加入了 Killer 角色，以及它的巡逻点。可以根据自己的需要重新调整 4 个巡逻点的位置。

图 7.24 将 Killer 和它的巡逻点分开做成两个预制件

图 7.25 在新的游戏场景中加入 Killer 角色

⑥ 为了确保 Killer 在新的场景中可以正常运行，请打开它的 Patrol FSM，检查其中的数组 wayPointsArray，确保这个数组中含有 4 个巡逻点，如图 7.26 所示。

图 7.26 再次确认 wayPointsArray 中的值是否正确

图 7.27 血条正常运行

然后就可以运行游戏来测试血条的效果了。指挥 Hero 靠近 Killer，如果以上设置全部正确，Killer 在发现 Hero 之后，会追过来用斧子攻击 Hero。随着攻击的进行，血条的长度会逐渐下降，并且如图 7.27 所示，血条由绿色变成黄色，再变成红色。当 Hero 重新复活时，血条又会变成满格状态，并且呈现绿色，然后重复整个过程。同时，血条下方的三个红心仍旧正常运行。Hero 每失去一条生命，就会有一个红心变成白色。

7.2.2 小地图

对于很多游戏来说，因为场景中的地形过大，所以为了提示玩家当前所处的位置，会在 HUD 上提供一个半透明的小地图。上面用某种符号来代表玩家控制角色。玩家控制角色在场景中的移动也会实时等比例反映在小地图上。本节我们就来给游戏场景的右下角加上一个这样的小地图，其中的关键是将玩家控制角色在实际场景中的位置等比例映射到小地图上。

首先，我们在 HUDCanvas 上把小地图搭建起来，具体操作如下：

① 在 Scene 面板中，选择 Scene Gizmo 工具，单击其中的 Y 轴，将 Scene 面板中的视角调整为俯视。在游戏场景中添加 4 个 Sphere 物体，选择菜单栏 GameObject → 3D Object → Sphere。将这 4 个球体分别命名为 BoundDot1、BoundDot2、BoundDot3、BoundDot4，并将它们的参数 Position 依次设为 (−18, 10, 490)、(−18, 10, −10)、(520, 10, -10)、(520, 10, 490)，也就是放在地形的四个角上，如图 7.27 所示的 4 个小白点。在随后的步骤中将用这 4 个球体来作为参照物，确定 Hero 在场景中的位置。

Scene Gizmo 工具：

单击 Scene Gizmo 上的 X、Y、Z 轴标志，可以迅速转变 Scene 的视角方向。

这 4 个球体的位置可以根据自己地形的大小来设置。为了便于后面的操作，请让这 4 个球体的位置连在一起能构成一个矩形。

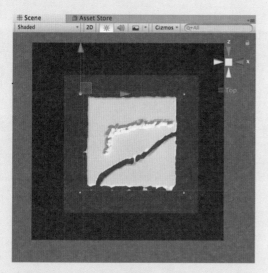

图 7.28　在地形的 4 个角上放置 4 个定位点

② 用截图软件截出以图 7.28 中 4 个球体为顶点的矩形图像，作为后面要放在 HUD 上的小地图的贴图，然后将这个截图导入游戏项目：右击 Project 面板中的 Assets 文件夹，在出现的菜单中选择 Import New Asset。将这个导入的贴图改名为 Map，以便于查找。如图 7.30

给 Assets 中导入新的素材：

导入后的 Map 贴图：

所示，在 Inspector 面板中，把 Map 的属性 Texture Type 设为 Sprite (2D and UI)。只有这样，才能在后面把 Map 成功贴到 HUD 上。

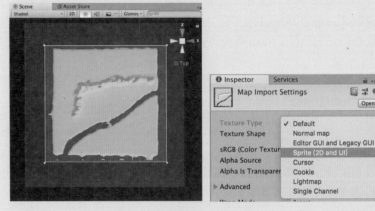

图 7.29　使用截图软件截出小地图的贴图　　图 7.30　设置贴图的属性

③ 在 Hierarchy 面板中选中 HUDCanvas，给它再添加一个 Panel 容器作为子物体，命名为 MapPanel，并调整它的大小与位置，让它位于整个 HUDCanvas 的右下角。另外，在它的 Image 属性中，可以适当调整参数 Color，让 MapPanel 呈现半透明白色。

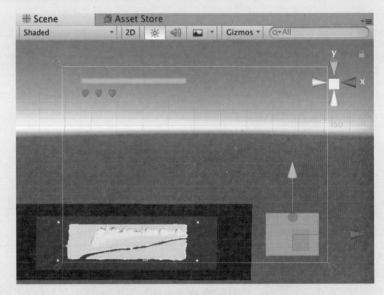

图 7.31　给 HUDCanvas 再添加一个 Panel

④ 在 Hierarchy 面板中选择 MapPanel，给它添加一个 Image 控件作为子物体，命名为 MapImage。将 MapImage 的 Rect Transform 属性中的参数 Width 和 Height 分别设为 800 和 600，让这个控件看上去比 MapPanel 小一点。注意此处不要用参数 Scale 来调节 MapImage 的大小。

⑤ 如图 7.32 所示，把步骤②中导入的 Map 贴图直接拖入 MapImage 的参数 Source Image 中，并调节透明度。至此，整个 HUD 应该呈现出图 7.33 所示的样子。

让 MapImage 比 MapPanel 小一点：

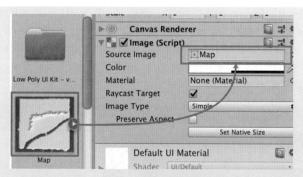

图 7.32　给 MapImage 加上贴图

⑥ 给 MapImage 添加一个 Image 控件作为子物体，命名为 HeroIcon。将 Assets/Low Poly UI Kit‐v.1.1c/UI Kit/Icons/PNG 文件夹下的 Icon_Coin_Filled 拖入 HeroIcon 的参数 Source Image 中。这样在小地图中就会出现一个黄色的小点，它就用来表示 Hero 的位置。

可以适当调节 HeroIcon 的大小：

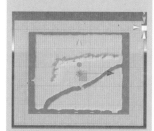

图 7.33　加上小地图后的 HUD

图 7.34　HUDCanvas 中的层次结构

⑦ 在 Hierarchy 面板中选择 HUDCanvas，给它再添加一个新的 FSM，命名为 Map Controller。这个 FSM 将专门用来控制小地图的显示。

这样，我们就完成了 HUD 上小地图的搭建。在开始设置 Map Controller FSM 之前，首先来讨论一下场景中的地形与小地图之间的映射问题。先来研究场景中的地形，在 Hierarchy 面板中选中 Terrain，从俯视的角度来观察。如图 7.35 所示，可以发现整个场景中的地形是在 XZ 平面上的。然后再来观察一下 HUD 上的小地图，在 Hierarchy 面板中选中 MapImage 控件，如图 7.36 所示，可以看到这个贴有小地图的 MapImage 是在 XY 平面上的。所以，如果要把场景中地形上的某一个位置映射为 HUD 小地图上的某个位置，也就是要把 XZ 坐标系内的坐标映射为 XY 坐标系中的坐标。

除此之外，还有很重要的一点，观察一下 HeroIcon 控件在 Inspector 面板中的属性，如图 7.37 所示，可以看到，它处于 Pos X =

0、Pos Y = 0、Pos Z = 0 的位置，也就是 (0, 0, 0)。因为 HeroIcon 是 MapImage 的子物体，所以 HeroIcon 的位置 (0, 0, 0) 表达的意思就是：HeroIcon 的中心位于 MapImage 控件上的 (0, 0, 0) 位置。而 MapImage 控件上的 (0, 0, 0) 其实就是它自己的中心。也就是说 HeroIcon 和 MapImage 这两个控件的中心在游戏初始时是重合的。

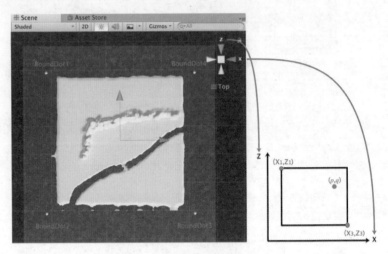

图 7.35　Terrain 处于 XZ 平面上

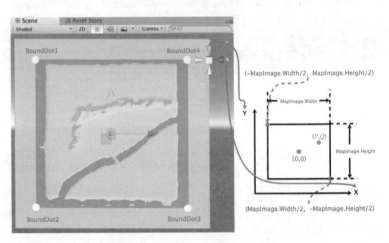

图 7.36　MapPanel 处于 XY 平面上

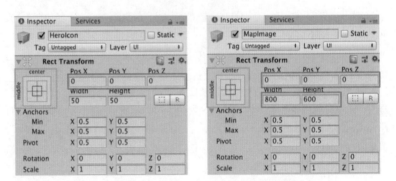

图 7.37　HeroIcon 与 MapImage 的属性对比

另外，对于 MapImage 来说，因为之前设的 Width 和 Height 分别为 800 和 600，所以 MapImage 左上角的坐标应该是 (-400, 300)，而右下角的坐标则为 (400, -300)。所以如果想让 HeroIcon 看上去位于 MapImage 的左下角，只需要把 HeroIcon 的参数 Pos X 设为 -400、Pos Y 设为 -300 就可以了。同理，如图 7.38 所示，当 Pos X 为 400、Pos Y 为 300 时，HeroIcon 应该在 MapImage 的右上角。

HeroIcon 的参数 Pos Z 等于 0，不用改，因为整个 HUD 都在 XY 平面上。

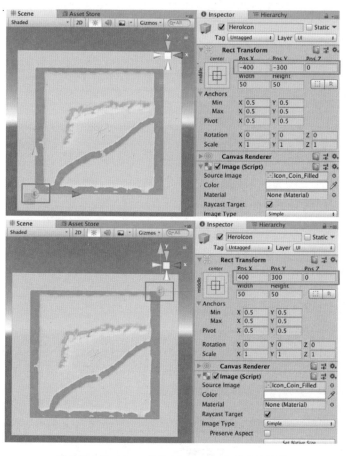

图 7.38　HeroIcon 位于 MapImage 上的不同位置

所以，对于地形上的某一个指定位置，如果已知它在图 7.35 坐标系中的坐标为 (p,q)，想求这个位置在图 7.36 坐标系中的坐标 (P,Q)，就可以用以下公式来计算：

$$P = \frac{w \cdot (2p - x_1 - x_3)}{x_3 - x_1} \quad (1)$$

$$Q = \frac{h \cdot (2q - z_1 - z_3)}{z_1 - z_3} \quad (2)$$

其中，$w = \frac{\text{MapImage.Width}}{2}$，$h = \frac{\text{MapImage.Height}}{2}$，也就是 MapImage 控件的宽度和高度的一半。x_1 和 z_1 分别为 BoundDot1 在 X 轴和 Z 轴上的坐标，x_3 和 z_3 分别为 BoundDot3 在 X 轴和 Z 轴上的坐标。

明确了坐标的映射关系之后，就可以在 PlayMaker 中进行设置了。具体操作如下：

① 选择 HUD Canvas 的 Map Controller FSM，按照表 7.5 在 Events 和 Variables 中分别添加 1 个自定义事件，以及 16 个变量。注意它们各自的数据类型。

表 7.5　HUD Canvas 的 Map Controller FSM 中的 Events 和 Variables

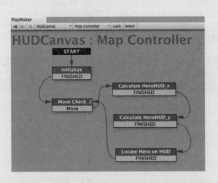

② 在 Map Controller FSM 中设置 5 个状态：Initialize、Move Check、Calculate HeroHUD_x、Calculate HeroHUD_y、Locate Hero on HUD，并按照图 7.39 进行状态转换。

图 7.39　Map Controller FSM 中的状态转换

Initialize 状态专门用来获取 Hero 在地形 Terrain 上的实际位置。

③ 按表 7.6，给 Initialize 状态添加 2 个动作。

- *Get Position*，这个动作在这里连续用了 2 次，分别用来获取游戏场景中的 BoundDot1 和 BoundDot3 的位置，并且只将它们位置的 X 轴和 Z 轴上的值保存起来。我们只获取了 BoundDot1 和 BoundDot3 的位置，不用再去获取 BoundDot2 和 BoundDot4 的位置，因为这 4 个边界点在创建的时候就处于一个矩阵的 4 个顶点上，所以只要知道了其中一条对角线上两个点的位置，也就等于知道了另外一条对角线上两个点的位置。另外，此处只保存了 BoundDot1 和 BoundDot3 的位置在 X 轴和 Z 轴上的值，而没有保存 Y 轴上的值，是因为场景地形本身处于 XZ 平面，如图 7.35 所示。

④ 按表 7.6，给 Move Check 状态添加 1 个动作。

- *Axis Event*，这个动作曾经在第 3 章中用过。此处用来检测游戏场景中的 Hero 是否正在移动。为了节约计算资源，只需要在 Hero 发生位移的时候，去更新它在 HUD 小地图上的位置。如果玩家没有指挥 Hero 移动，那么小地图上 Hero 的位置是不需要改变的。因此，将这个动作的参数 Any Direction 设为 Move，表示 Hero 出现任何方向的移动都会触发 Move 事件，从而进入更新小地图上位置的状态。

> Move Check 状态用来不断检测场景中的 Hero 是否正在移动。

⑤ 按表 7.6，给 Calculate HeroHUD_x 状态添加 7 个动作。

- *Get Position*，此处用来获取场景中 Hero 的实时位置，将这个位置在 X、Z 轴上的值保存起来。

- *Float Operator*，这个动作专门用来对两个浮点型数据做加、减、乘、除的运算。这里连续用了 6 次，也就是对公式 (1) 进行计算，得出了公式中的 P，保存在变量 HeroHUD_x 中。

> Calculate HeroHUD_x 状态专门用来计算小地图中 Hero 在 X 轴方向上的位置。

⑥ 按表 7.6，给 Calculate HeroHUD_y 状态添加 6 个动作。

- *Float Operator*，与上一个状态类似，这里连续用了 6 次该动作，完成了公式 (2) 的计算，得出了公式中的 Q，保存在变量 HeroHUD_y 中。

> Calculate HeroHUD_y 状态专门用来计算小地图中 Hero 在 Y 轴方向上的位置。

⑦ 按表 7.6，给 Locate Hero on HUD 状态添加 1 个动作。

- *Set Position*，此处用来在小地图上把 Hero 放在 (HeroHUD_x, HeroHUD_z) 的位置。

> Locate Hero on HUD 状态专门用来在小地图上把 Hero 显示出来。

表 7.6 Map Controller FSM 中的所有动作

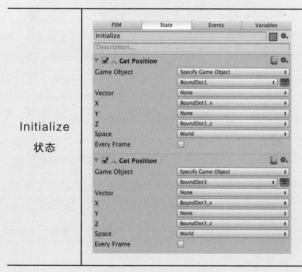

续表

状态	截图
Move Check 状态	**Move Check** — Axis Event: Horizontal Axis = Horizontal; Vertical Axis = Vertical; Left Event、Right Event、Up Event、Down Event 均为空；Any Direction = Move；No Direction 为空
Calculate HeroHUD_x 状态	**Calculate HeroHUD_x** Get Position: Game Object = Specify Game Object (HeroTerrain); Vector = None; X = HeroTerrain_x; Y = None; Z = HeroTerrain_z; Space = World; Every Frame 未勾选 Float Operator: Float 1 = HeroTerrain_x, Float 2 = 2, Operation = Multiply, Store Result = temp1 Float Operator: Float 1 = temp1, Float 2 = BoundDot1_x, Operation = Subtract, Store Result = temp1 Float Operator: Float 1 = temp1, Float 2 = BoundDot3_x, Operation = Subtract, Store Result = temp1 Float Operator: Float 1 = temp1, Float 2 = w, Operation = Multiply, Store Result = temp1 Float Operator: Float 1 = BoundDot3_x, Float 2 = BoundDot1_x, Operation = Subtract, Store Result = temp2 Float Operator: Float 1 = temp1, Float 2 = temp2, Operation = Divide, Store Result = HeroHUD_x
Calculate HeroHUD_y 状态	**Float Operator**: Float 1 = HeroTerrain_z, Float 2 = 2, Operation = Multiply, Store Result = temp1

Calculate HeroHUD_y 状态	**Float Operator** Float 1: temp1 Float 2: BoundDot1_z Operation: Subtract Store Result: temp1 Every Frame: ☐ **Float Operator** Float 1: temp1 Float 2: BoundDot3_z Operation: Subtract Store Result: temp1 Every Frame: ☐ **Float Operator** Float 1: temp1 Float 2: h Operation: Multiply Store Result: temp1 Every Frame: ☐ **Float Operator** Float 1: BoundDot1_z Float 2: BoundDot3_z Operation: Subtract Store Result: temp2 Every Frame: ☐ **Float Operator** Float 1: temp1 Float 2: temp2 Operation: Divide Store Result: HeroHUD_z Every Frame: ☐
Locate Hero On HUD 状态	Locate Hero on HUD Description... **Set Position** Game Object: Specify Game Object / HeroHUD Vector: None X: HeroHUD_x Y: HeroHUD_z Z: None Space: Self Every Frame: ☐ Late Update: ☐

至此，运行游戏可以看到，当用 Up 键或者 Down 键指挥 Hero 在场景中移动时，小地图上代表 Hero 的那个黄色小点也会跟着一起移动。比如图 7.40 中，我们让 Hero 走到过河平台附近，小地图上的黄色小点也会同步移到过河平台附近，定位还是相当准确的。

图 7.40　游戏场景中加入小地图之后的运行效果

7.3 游戏主菜单（Main Menu）的设计与实现

游戏在开始时，一般都设有一个主菜单。其功能主要是供玩家进行一些自定义设置，并且让玩家选择开始游戏或者退出游戏。因此，与 HUD 相比，主菜单上会有更多的需要玩家参与的动作交互。也就是说，主菜单上有可能出现 HUD 上没有的下拉菜单、滑块、按钮等控件。

尽管主菜单上有很多不同种类的控件，但它们在游戏中的功能主要有以下三种：

1. 用来进行场景切换。例如，玩家单击了主菜单上的 PLAY 按钮，主菜单就会消失，而含有各种角色、地形等的游戏场景就会出现。

    在实际操作中，如果主菜单不是很复杂，也可以把主菜单和游戏场景放在同一个 Scene 中。游戏初始时用主菜单遮住游戏场景，当玩家单击主菜单上的 PLAY 按钮之后，不显示主菜单，只露出游戏场景即可。

    如果主菜单很复杂，也可以考虑专门建一个 Scene 来放菜单。在这种情况下，当玩家单击 PLAY 按钮之后，切换至游戏场景所在的 Scene 就可以了。

2. 用来打开其他的用户界面。例如，单击主菜单上的 OPTION 按钮之后会弹出用来选择游戏人物、设置各种游戏参数的界面。

3. 用来退出游戏。例如，一旦单击了主菜单上的 QUIT 按钮，游戏就会关闭，释放所有资源。

7.3.1 主菜单的搭建

下面在一个新场景中为之前做的游戏添加一个简单的主菜单，并在上面提供三个按钮：PLAY、OPTION、QUIT。单击 PLAY 按钮，将跳转到之前做好的游戏场景中。单击 OPTION 按钮，将弹出一个用来设置背景音乐音量的界面。单击 QUIT 按钮，将关闭整个游戏。

具体操作如下：

① 保存并关闭上一节中制作的游戏场景。然后新建一个场景，菜单栏 File → New Scene，命名为 Main Menu。

② 在 Main Menu 场景中添加一个 Canvas 容器，选择菜单栏 GameObject → UI → Canvas，命名为 MainMenuCanvas。如图 7.41 所示，在 Inspector 面板中把它的参数 Render Mode 设为 Screen Space - Camera，并将 Hierarchy 面板中的 Main Camera 拖入参数 Render Camera 中。

另外，在 Canvas Scaler 属性中，把参数 UI Scale Mode 设为 Scale With Screen Size，参数 Reference Resolution 设为 $X=1024$，

Y=768，参数 Match 设为 1。让游戏发布时，UI 能自适应屏幕的尺寸和分辨率。

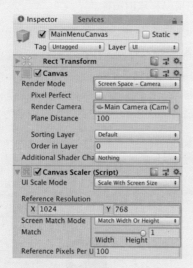

图 7.41 MainMenuCanvas 的属性

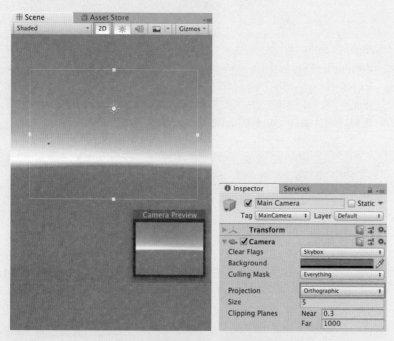

图 7.42 将场景设为 2D，相机设为正交相机

③ 因为这一节中要搭建的主菜单是相机前的一个 2D 的平面，本场景中不需要用到 3D 视图，也不需要相机有景深效果。因此，如图 7.42 所示，单击 Scene 面板上的 2D 按钮，把 Main Camera 的参数 Projection 设为 Orthographic，也就是正交相机。

④ 给 MainMenuCanvas 添加一个 Panel 容器作为子物体，将之命名为 BackgroundPanel。然后选择一张与游戏内容相关的图片，导入 Assets。这张图片将用来贴在 BackgroundPanel 上，作为主菜单的背

景。此处从互联网上下载了一张 Low Poly 风格的地球图片,下载地址为:https://i.ytimg.com/vi/SwSlfj7Z4Wo/maxresdefault.jpg。当然,大家也可以选用自己喜欢的图片。

⑤ 在 Assets 中点选这张图片,在 Inspector 面板中,将它的 Texture Type 属性设为 Sprite (2D and UI)。

⑥ 在 Hierarchy 面板中选择 BackgroundPanel,在 Inspector 面板中,把 cover4 从 Assets 中直接拖入参数 Source Image 里,如图 7.44 所示。这样,整个 BackgroundPanel 就被覆盖上这个名为 cover4 的图片。

这张图片可在配套资源中找到:cover4.png。

图 7.43　设置导入图片的属性　　图 7.44　给 BackgroundPanel 加上背景图

⑦ 给 BackgroundPanel 再添加一个 Panel 容器作为子物体,命名为 ButtonPlayPanel。如图 7.45 所示,将 Assets/Low Poly UI Kit-v.1.1c/UI Kit/Holders/PNG/9.png 直接拖入 ButtonPlayPanel 的参数 Source Image 中,并修改它的参数 Rotation、Scale,以及参数 Image 中的透明度,让 ButtonPlayPanel 看上去呈半透明状,并指向地球。

修改 ButtonPlayPanel 的方向,并把它放在合适的位置上。

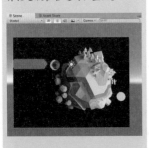

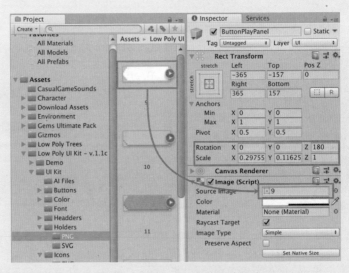

图 7.45　给 ButtonPlayPanel 赋贴图

⑧ 给 ButtonPlayPanel 添加一个 Button 控件作为子物体,命名为 ButtonPlay。与步骤⑥中一样,选择 9.png 作为 ButtonPlay 的贴图,调整它的大小与方向,并将 ButtonPlay 按钮上的文字设为 PLAY,如图 7.46 所示。

ButtonPlay 的属性:

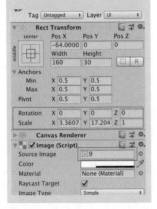

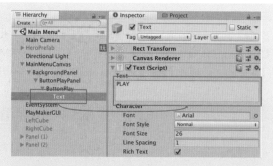

图 7.46 让 ButtonPlay 按钮显示出 PLAY 字样

⑨ 在 Hierarchy 面板中右击 ButtonPlayPanel，在下拉菜单中选择 Copy，然后在空白处右击，选择 Paste，重复两次。这样就给 BackgroundPanel 添加了两个与 ButtonPlayPanel 一模一样的对象。将它们在 Scene 中移至 ButtonPlayPanel 的下方，排成一列。同时在 Hierarchy 面板中按图 7.47，给所有复制出来的控件改名，并让这两个新按钮上分别显示 OPTION 和 QUIT。

复制 ButtonPlayPanel：

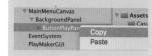

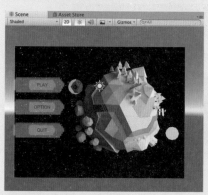

图 7.47 给主菜单一共添加三个按钮

⑩ 为了让主菜单看上去更生动，我们把北极熊 Hero 也放到本场景中，并在等待玩家单击主菜单上的按钮时，让它在主菜单的下方跑步。所以先从 Assets/Prefab 文件夹中把 HeroPrefab 拖入 Scene 面板中，改名为 Hero，放在主菜单的右下角，并调整 Hero 的方向，让它面朝左侧，如图 7.48 所示。

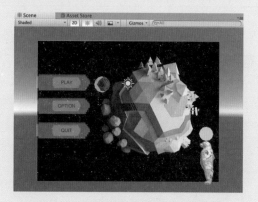

图 7.48 在主菜单所在的场景中加入 Hero

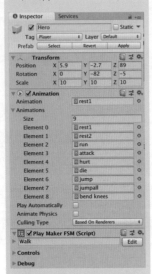

删除 Hero 的多余属性，只保留以下三种：

在场景中添加 RightCube 和 LeftCube，作为 Hero 跑步的起点和终点。我们会让 Hero 从 RightCube 开始跑步移动到 LeftCube，并不断重复这个过程。

因为修改的是 Main Menu 场景中的 Hero 的实例，所以无论对这个实例怎么修改，也不会影响 HeroPrefab 预制件，更不会影响游戏场景 CH7 中的 Hero 实例。

⑪ 在 Inspector 面板中，把 Hero 的 Character Controller、Rotate FSM、Attack FSM、Jump Script、Jump FSM、Pick FSM、Health FSM、Switch Camera FSM、CheckPoint FSM、Water Check FSM 全部删除。Hero 的 Inspector 面板中的属性只剩 Transform、Animation 和 Walk FSM。

删除 Hero 众多的 FSM，是因为在这个场景中，Hero 只需要会做跑步的动作即可，所以只保留了 Walk FSM。其他的比如跳跃、生命系统、检测是否落水等 FSM，在这个场景中都没有作用，所以删除。

⑫ 如图 7.49 所示，在场景中再添加两个 Cube 物体，分别命名为 LeftCube 和 RightCube，并放在主菜单的两侧。注意，LeftCube、RightCube 和 Hero 三者的参数 Position 中的 Y 值必须是一样的，也就是说三者必须在 Y 轴上位于同一个高度。然后把它们的 Mesh Renderer 属性前的钩全部去掉，也就是让这两个立方体不可见。

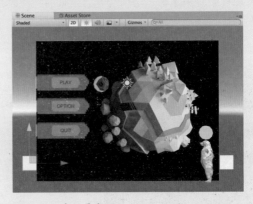

图 7.49　在场景中加入 LeftCube 和 RightCube

⑬ 打开 Hero 的 Walk FSM，删除 Events 和 Variables 中的所有自定义事件和变量。按照表 7.7，重新给 Variables 中添加一个新的变量 OriLocation，数据类型为 Vector3。

⑭ 删除 Walk FSM 中的所有状态，按照图 7.50，重新设置两个状态 Move Left 和 Back to Ori，并进行状态转换。

表 7.7　新的 Walk FSM 中的 Variables

Variables	Name	Used	Type
	OriLocation	2	Vector3

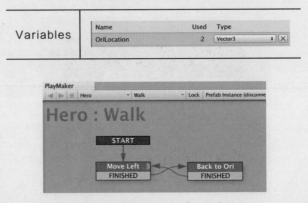

图 7.50　新的 Walk FSM 中的状态转换

⑮ 按照表7.8，给 Move Left 状态添加两个动作。

- *Play Animaton*，此处用来播放 Hero 跑步时的动画。
- *Move Towards*，此处用来让 Hero 朝 LeftCube 所在位置移动。所以参数 Target Object 设为 LeftCube 物体。注意此处的 Finish Evnet 一定要设为 FINISHED，请大家自行考虑一下这是为什么。

⑯ 按照表7.8，给 Back to Ori 状态添加两个动作。

- *Get Position*，此处用来获取 RightCube 的位置，并保存在变量 OriLocation 中。
- *Set Position*，这里用来把 Hero 重新放回 RightCube 的位置，便于稍后再次让它从主菜单下方的右侧跑到左侧。

Move left 状态的用处是让 Hero 从主菜单下方的右侧跑到左侧。

提示：此处的 Finish Event 一定要设为 FINISHED，因为 Play Animation 中的 run 动画是按照 Loop 方式不断循环播放的。

表7.8 Move Left 状态和 Back to Ori 状态中的动作

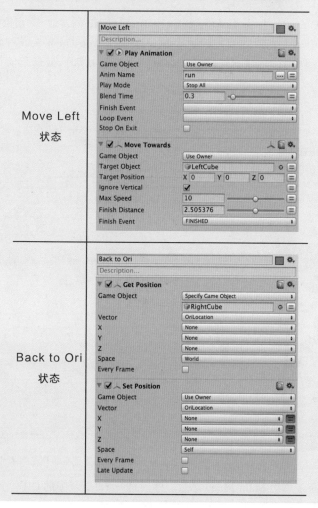

至此我们就搭建好了主菜单的界面，并加入了游戏中的主角 Hero，给菜单增加了一些娱乐效果。运行整个游戏场景，可以在 Game 面板中看到 Hero 从菜单右侧跑到左侧，然后再回到右侧，不断重复这个过程，如图7.51所示。

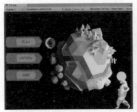

图 7.51　Main Menu 场景的运行效果

7.3.2　PLAY 按钮的功能实现

下面给主菜单上的 PLAY 按钮加上 FSM 控制，让它能在玩家单击时进行响应：关闭 Main Menu 场景，同时激活游戏场景 CH7。

具体操作如下：

① 在 Unity 中选择菜单栏 File → Build Settings，在弹出的 Build Settings（也就是发布设置）窗口中单击 Add Open Scenes 按钮，这样就能把当前正在编辑的 Main Menu 场景加入要发布的场景列表中。

打开发布设置窗口：

一个游戏可能包含不止一个场景（Scene），在最后发布时，需要把所有场景都加到图 7.52 的发布场景列表中，这样最后发布游戏时才不会出错。

图 7.52　把 Main Menu 和 CH7 这两个场景放入要发布的场景列表中

② 保存并关闭 Main Menu 场景，然后打开 7.2.2 节中的 CH7 场景。再次选择菜单栏 File → Build Settings，在弹出的发布窗口中单击 Add Open Scenes 按钮，也就是把 CH7 场景也加入发布场景列表中。

③ 保存并关闭 CH7 场景，重新打开 Main Menu 场景，在 Hierarchy 面板中选择 MainMenuCanvas，打开 PlayMaker 编辑界面，给

MainMenuCanvas 添加一个 FSM，命名为 ButtonPlay Controller。

④ 按照表 7.9，在 Events 和 Variables 中分别添加一个自定义事件和一个变量。注意，变量 ButtonPlay 的数据类型为 GameObject。

表 7.9　ButtonPlay Controller FSM 中的 Events 和 Variables

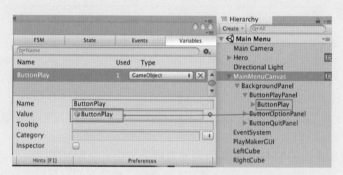

⑤ 如图 7.53 所示，从 Hierarchy 面板中把 ButtonPlay 控件直接拖入变量 ButtonPlay 的参数 Value 中，也就是给变量 ButtonPlay 赋值。

图 7.53　给变量 ButtonPlay 赋值

⑥ 在 ButtonPlay Controller FSM 中设置 2 个状态：ButtonPlay Check 和 Load Game Scene，并按照图 7.54 进行状态转换。

图 7.54　ButtonPlay Controller FSM 中的状态转换

⑦ 按表 7.10，给 ButtonPlay Check 状态添加 1 个动作。

● *UI Button On Click Event*，此处用来检测玩家是否单击了主菜单上的 PLAY 按钮，如果单击了，就触发 Press Play 事件，打开游戏场景。

⑧ 按表 7.10，给 Load Game Scene 状态添加 1 个动作。

● *Load Scene*，此处用来打开游戏场景。这里要把参数 Load Scene Mode 设为 Single，也就是关闭所有当前已经打开的场景，然后再打开此处指定要打开的场景。

ButtonPlay Check 状态用来检测 PLAY 按钮是否被单击了。

Load Game Scene 状态主要用来打开游戏场景，同时关闭主菜单所在的场景。

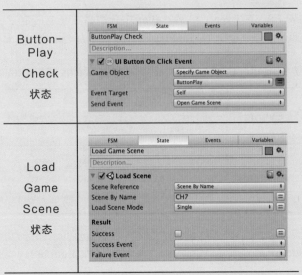

表 7.10 ButtonPlay Controller FSM 中的所有动作

此时运行 Main Menu 场景，并单击 PLAY 按钮，就可以看到主菜单消失了，而有树林和 Killer 的那个游戏场景打开了。玩家可以在打开的游戏场景中正常使用键盘上的各种按键进行游戏。

7.3.3 OPTION 按钮的功能实现

主菜单上 OPTION 按钮的主要功能是在玩家单击时弹出一个游戏参数设置界面，供玩家对游戏中诸如背景音乐音量等参数进行自定义设置。当玩家设置完毕之后，还能关闭这个参数设置界面，返回主菜单界面。

下面以用来调节游戏音量的 OPTION 按钮为例，来说明此类按钮的实现方法。具体操作如下：

① 为了测试 OPTION 按钮的功能，首先给主菜单所在的场景添加背景音乐：打开 Main Menu 场景，在场景中添加一个空物体，选择菜单栏 GameObject → Create Empty。将这个空物体命名为 BackgroundMusic，放在 MainMenuCanvas 的中心。

② 在 Inspector 面板中，给 BackgroundMusic 添加一个 Audio Source 属性。如图 7.55 所示，将 Assets/Warped Fantasy/Title_Castle 拖入参数 AudioClip 中，并勾选参数 Loop。

这样就给主菜单所在的场景加上了背景音乐。此时运行 Main Menu 场景，就能听到这段名为 Title_Castle 的音乐。

③ 在 Hierarchy 面板中选择 MainMenuCanvas，再给它添加一个 Panel 容器作为子物体，命名为 OptionPanel。如图 7.56 所示，调整它的位置与大小，并将 Assets/Low Poly UI Kit-v.1.1c/UI Kit/Panels/PNG/1.png 拖入参数 Source Image 中，将 Color 设为半透明的灰色。让整个主菜单呈现图 7.57 的样子。

Warped Fantasy 是在 6.4 节从 Asset Store 中下载的一个免费音频资源包。

Low Poly UI Kit-v1.1.1c是在5.2节从 Asset Store 中下载的一个免费 UI 资源包。

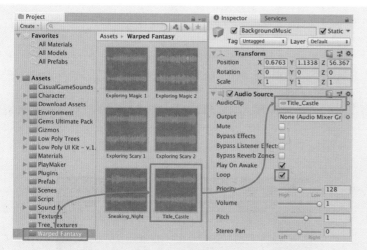

图 7.55　设置音源

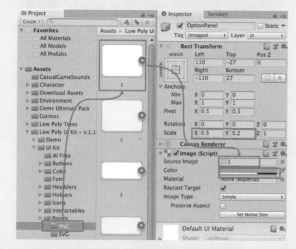

图 7.56　设置 OptionPanel

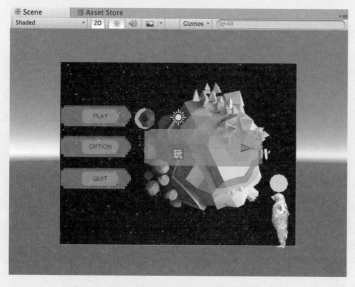

图 7.57　添加 OptionPanel 之后的主菜单界面

MainMenuCanvas 与它所有子物体的层级关系：

④ 在 Hierarchy 面板中选择 OptionPanel，给它添加一个 Slider 控件、一个 Text 控件，以及一个 Button 控件作为子物体，分别命名为 VolumeSlider、VolumeText 和 ButtonBack。将 Assets/Low Poly UI Kit-v.1.1c/UI Kit/Icons/PNG/Icon_Cross.png 拖入 ButtonBack 控件的参数 Source Image 中，也就是让这个按钮显示为一个白色的"X"，并把这个控件放在 OptionPanel 的右上角。另外，把 VolumnText 控件放在 VolumnSlider 控件的左侧，并显示文字 VOLUMN。调整这三个控件的大小和位置，让整个 OptionPanel 看上去如图 7.58 所示。

图 7.58 OptionPanel 与它的所有子物体的全貌

⑤ 在 Hierarchy 面板中选择 OptionPanel，如图 7.59 所示，在 Inspector 面板中把它前面的钩去掉。也就是让这个用来设置音量的界面一开始不要显示，而是当玩家按了 OPTION 按钮之后才显示出来。

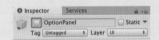

图 7.59 让设置音量的界面不要一开始就显示出来

⑥ 在 Hierarchy 面板中选择 MainMenuCanvas，打开 PlayMaker 编辑界面，给 MainMenuCanvas 再添加一个 FSM，命名为 ButtonOption Controller。

⑦ 单击菜单栏 PlayMaker → Editor Windows → Global Variables，打开全局变量设置窗口。如图 7.60 所示，给整个游戏项目添加一个名为 BackgroundVolume 的全局变量，数据类型为 Float，初始值为 1。

打开全局变量设置窗口：

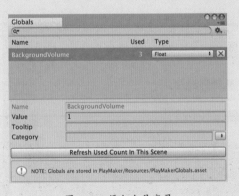

图 7.60 添加全局变量

Unity 借鉴了 C++、Java 等编程语言的概念，也有全局变量与局部变量之分。事实上，之前所有章节中设置的各种变量都是局部变量。对于这类变量，如果是在一个 FSM 中创建的，那么一般只能在这个 FSM 中使用。如果同 Scene 中的其他 FSM 想要获取这个变量的值，或者给这个变量赋值，那么必须通过类似于 *Get FSM Int* 或者 *Set FSM Int* 这类动作才能做到。但是，假如想要跨 Scene 来访问变量，也就是一个 Scene 中的某个 FSM 想要获取另一个 Scene 中的某个 FSM 的变量，那就必须把这个变量设为全局变量。因此，所谓的全局变量，就是整个项目中的公共变量，任何一个 Scene 的任何一个 FSM 都可以访问。

此处，之所以要设置一个全局变量 Background Volume，是因为主菜单放在 Main Menu 场景中，而游戏场景则在 CH7 中。如果玩家在 Main Menu 场景中通过 OPTION 按钮设置了游戏背景音乐的音量，也就是希望 CH7 场景中的背景音乐就采用这个音量，所以需要把玩家通过 OPTION 按钮设置的这个音量值传入 CH7 场景。而这种操作显然已经跨 Scene 了，因此这里必须要把玩家设置的音量值保存在一个全局变量中。

⑧ 按照表 7.11，在 Events 和 Variables 中分别添加 2 个自定义事件和 4 个变量。注意，这 4 个变量的数据类型全是 GameObject，请参考图 7.53 中的方法，从 Hierarchy 面板中把 BackgroundMusic、ButtonBack、ButtonOption 和 VolumeSlider 分别拖入此处的同名变量中，也就是给这 4 个变量赋初值。

表 7.11 ButtonOption Controller FSM 中的 Events 和 Variables

Events	Event / FINISHED / Press Back / Press Option	Used: 2, 2, 2
Variables	BackgroundMusic (1, GameObject) / ButtonBack (1, GameObject) / ButtonOption (1, GameObject) / VolumeSlider (2, GameObject) / Globals: BackgroundVolume	Used: 3

⑨ 在 ButtonOption Controller FSM 中设置 4 个状态：ButtonOption Check、Show OptionPanel、Set Volume 和 Close OptionPanel，并按照图 7.61 进行状态转换。

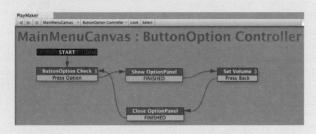

图 7.61 ButtonOption Controller FSM 中的状态转换

ButtonOption Check 状态用来检测 OPTION 按钮是否被按下。

⑩ 按表 7.12，给 ButtonOption Check 状态添加 1 个动作。

- *UI Button On Click Event*，此处用来检测玩家是否单击了主菜单上的 OPTION 按钮，如果单击了，就触发 Press Option 事件打开设置游戏音量的 OptionPanel。

表 7.12 ButtonOption Controller FSM 中的所有动作

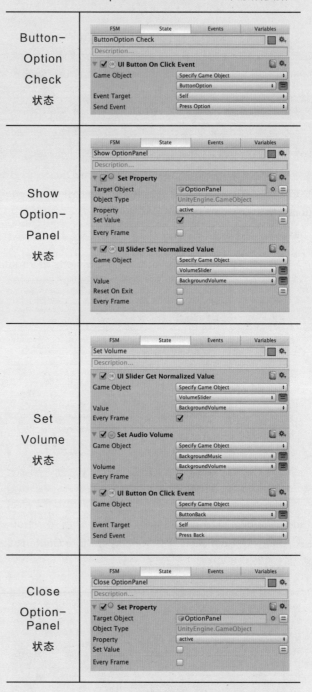

Show OptionPanel 状态用来弹出音量设置界面。

⑪ 按表 7.12，给 Show OptionPanel 状态添加 2 个动作。

- Set Property，这个动作用来激活 OptionPanel，也就是让设置音量的界面显示出来。所以此处的参数 Property 设为 active，Set Value 要勾选。

- UI Slider Set Normalized Value，这个动作用来按照指定浮点数据的值（0 ~ 1 之间），设置滑块的滑动位置。此处把参数 Value 设为全局变量 BackgroundVolume。

⑫ 按表 7.12，给 Set Volume 状态添加 3 个动作。

- UI Slider Get Normalized Value，因为玩家会通过拖动滑块来设置游戏的音量，所以此处用这个动作来获取滑块上的滑动位置，将这个滑动位置用一个 0 ~ 1 之间的浮点数据表示，并保存在全局变量 BackgroundVolume 中。注意要勾选这里的 Every Frame，表示要不断地记录滑块的滑动位置。

- Set Audio Volume，这个动作用来把一个带有 Audio Source 属性的物体的音量设为参数 Volume 中的值。注意这里也要勾选 Every Frame，也就是将上一个动作中获取的滑块位置实时反映到背景音乐的音量上。

- UI Button On Click Event，此处用来检测 ButtonBack，也就是右上角那个关闭按钮是否被单击了。如果玩家单击了这个按钮，就触发 Press Back 事件，关闭整个 OptionPanel。

⑬ 按表 7.12，给 Close OptionPanel 状态添加 1 个动作。

Close OptionPanel 状态用来关闭音量设置界面。

- Set Property，此处用来将设置音量的界面关闭，因此这里的 Set Value 不能勾选。

⑭ 保存并关闭 Main Menu 场景，打开 CH7 场景。在 Hierarchy 面板中选择 BackgroundSound 物体，打开 PlayMaker 编辑界面，给它添加一个 FSM，命名为 Volume Controller。

⑮ 只给 Volume Controller FSM 设置一个状态，命名为 Set Volume。按图 7.62，给这个状态添加一个动作。

- Set Audio Volume，用来按照主菜单中设置的音量来设置 CH7 场景中的背景音乐。所以此处的参数 Volume 设为全局变量 BackgroundVolume。

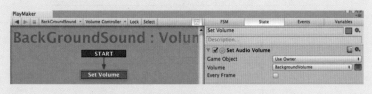

图 7.62　CH7 场景中的 Volume Controller FSM

　　保存并关闭场景 CH7，重新打开 Main Menu 场景，然后开始运行。听到 Main Menu 场景中的背景音乐后，如图 7.63 所示，单击 OPTION 按钮，弹出音量设置界面，左右拖动滑块，就可以听到背景音乐的音量变小或者变大。大家可以尝试把音量调至最小，也就是静音，然后再单击右上角的白色关闭按钮，关闭音量设置界面，此时再单击 PLAY 按钮，就会打开游戏界面。这时游戏界面中的背景音乐也听不见了。也就是说，在 Main Menu 场景中设置的音量，不仅能影响 Main Menu 自己的背景音乐，而且能影响 CH7 场景中的背景音乐。

另外，在 Main Menu 场景中可以多次打开音量调节界面。每一次打开这个界面时，上面显示的初始滑块位置，就是上一次关闭这个界面时设置的音量大小所在的位置。也就是说，在 Show OptionPanel 状态中添加的 *UI Slider Set Normalized Value* 动作，使声音的设置有了连续性。

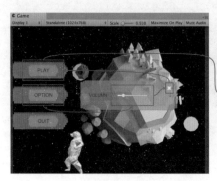

图 7.63　测试 OPTION 按钮的功能

7.3.4　QUIT 按钮的功能实现

QUIT 按钮的功能相对简单，只要在玩家单击它时关闭整个游戏就可以了。具体操作如下：

① 打开 Main Menu 场景，在 Hierarchy 面板中选择 MainMenuCanvas，打开 PlayMaker 编辑界面，给 MainMenuCanvas 再添加一个 FSM，命名为 ButtonQuit Controller。

② 按照表 7.13，在 Events 和 Variables 中分别添加一个自定义事件和一个变量。注意，变量 ButtonQuit 的数据类型为 GameObject，用图 7.53 中的方法，从 Hierarchy 面板中把 ButtonQuit 控件直接拖入变量 ButtonQuit 的参数 Value 中，完成给变量 ButtonQuit 的赋值。

表 7.13　ButtonQuit Controller FSM 中的 Events 和 Variables

Events	![Events: Press Quit, Used 1]
Variables	![Variables: ButtonQuit, Used 0, Type GameObject]

③ 在 ButtonQuit Controller FSM 中设置 2 个状态：ButtonQuit Check 和 Quit。并按照图 7.64 进行状态转换。

> 在游戏运行中，当玩家单击 QUIT 时，在正式关闭游戏之前，一般还需要把游戏的进度保存起来，方便玩家下次打开时可以继续进行游戏。另外，一般还会弹出一个确认窗口，让玩家选择是否真的要退出游戏。这些功能的实现相对简单，本章不再赘述。

④ 按表 7.14，给 ButtonQuit Check 状态添加 1 个动作。

- *UI Button On Click Event*，此处用来检测玩家是否单击了主菜单上的 QUIT 按钮。如果单击了，就触发 Press Quit 事件进入下一个状态。

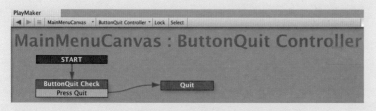

图 7.64 ButtonQuit Controller FSM 中的状态转换

⑤ 按表 7.14，给 Quit 状态添加 1 个动作。

- *Application Quit*，这个动作没有任何参数需要设置，用来关闭并退出整个游戏。

表 7.14 ButtonQuit Controller FSM 中的所有动作

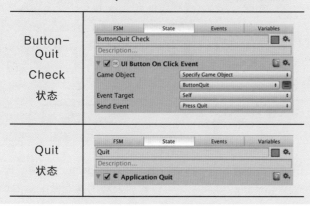

QUIT 按钮的功能无法像测试其他按钮那样在 Unity 的编辑窗口中完成测试，而必须把整个游戏发布出来才能测试。

7.4 游戏的发布

当一个游戏全部做好之后，就可以把它发布到某一个具体的硬件平台上去看最终效果了。在 Unity 中通过非常简单的操作，就能轻松将游戏发布到 PC、iOS、Android、Xbox One、PS4、WebGL 等平台上。所谓的发布，其实就是生成一个能在指定平台上运行的可执行程序，例如 PC 平台上的 .exe 文件和 .dmg 文件（分别针对 Windows 系统和 Mac OS X 系统），iOS 平台上的 .ipa 文件，Android 平台上的 .apk 文件。然后将生成的可执行程序安装到指定平台上，就能看到游戏的实际运行效果了。本节以 PC 平台为例，介绍如何在 Unity 中进行游戏的发布。

本书配套数字资源中的文件夹 CH7，就是包含完整的 CH7 场景的游戏工程。

具体操作如下：

① 在 Unity 中打开发布设置窗口：选择菜单栏 File → Build Settings，在弹出的 Build Settings 窗口中进行如下设置（见图 7.65）：

图 7.65　进行游戏发布设置

PlayerSettings 界面：

A. 单击 Player Settings 按钮，在 Inspector 面板出现的 PlayerSettings 界面中，可以对要发布的游戏做最后的设置，包括公司的名称、游戏的名称、图标、启动画面、对于各种平台的适配设置等。我们把 Product Name 设为 PolarBearAdventure，并把 Assets/Low Poly UI Kit - v.1.1c/UI Kit/Interactables/PNG/Interactable_Star_Filled 拖入参数 Default Icon。

B. 在 Platform 列表中，选择要发布的目标平台。如果要发布到 PC 端，那就如图 7.65 所示，在 Platform 中选择"PC、Mac & Linux Standalone"。选定要发布的平台之后，在右侧还会出现关于这个平台更详细的设置。例如图 7.65，选择 PC 端之后，在右侧的 Target Platform 中需要进一步选择对应的操作系统类型。

② 按步骤①设置完毕后，单击下方的 Build 按钮。如图 7.66 所示，在弹出的窗口中设置可执行文件的保存路径，并给可执行文件起一个名字，此处命名为 TEST1。然后单击最下方的 Save 按钮，Unity 就开始发布这个游戏项目，如图 7.67 所示。

③ 发布完毕后会在刚才的保存路径下多出一个名为 TEST1 的可执行文件。而且这个可执行文件的图标就是我们在步骤①中设置的黄色星星。

图 7.66 设置发布的名称与路径

生成可执行文件 TEST1：

图 7.67 发布游戏项目

④ 双击 TEST1 文件，打开图 7.68 所示的配置界面。在 Screen resolution 中选择分辨率，在 Graphics Quality 中设置游戏的画面质量。另外，如果像图 7.68 中那样在 Windowed 前面打了钩，那么游戏会在一个有边框的窗口中打开。如果 Windowed 前面不打钩，那么游戏就全屏显示。

因为之前在制作游戏时设置的参考分辨率是 1024×768，所以把 Screen resolution 也选为 1024×768，并勾选 Windowed。

⑤ 单击右下角的 Play！按钮，游戏开始运行。在出现短暂的启动画面（见图 7.69）之后，随即进入图 7.70 的游戏主菜单。然后大家可以测试一下 7.3.4 节中制作的 Quit 按钮。正常情况下，单击 Quit 按钮之后，整个游戏窗口关闭，与直接单击窗口上的红色关闭按钮效果一样。

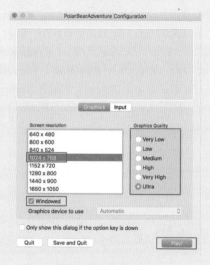

图 7.68 配置界面

因为没有在步骤①中另外设置启动画面，所以这里自动用了 Unity 的默认启动画面。

图 7.69　游戏启动画面　　　　　　图 7.70　开始游戏

⑥ 如果单击 PLAY 按钮，应该进入游戏场景。但是在目前的游戏中，当 Hero 三条命都消耗光时，它就倒地死亡，而游戏画面并不重新回到图 7.70 所示的主菜单。这并不很合理。参照之前讲过的内容，想要实现这个效果应该不是难事，留给大家自行解决。

7.5　总结

图形用户界面作为一个游戏不可或缺的组成部分，在游戏开发中占据着重要的地位。本章主要以 HUD 和主菜单为例，详细介绍了游戏中图形用户界面的设计与制作方法。

本章介绍了 UGUI 的容器与控件，Canvas 的三种渲染模式，如何让 UI 自适应屏幕，如何搭建图形用户界面，如何用 PlayMaker 来控制图形用户界面，如何制作游戏中的血条，如何制作小地图，如何实现不同坐标系之间的变换，如何搭建游戏的主菜单，如何进行场景的切换，如何制作弹出式图形用户界面，如何退出游戏，全局变量和局部变量的概念，如何设置及使用全局变量，如何控制背景音乐的音量，如何发布游戏。

本章用到的 PlayMaker 动作包括 Bool Test, Int Compare, Int Add, UI Image Set Sprite, Set Bool Value, UI Image Set Sprite, Set FSM Bool, Get FSM Int, Convert Int To Float, Set Property, UI Graphic Set Color, Float Divide, Float Compare, Get Position, Axis Event, Float Operator, Set Position, Play Animaton, Move Towards, UI Button On Click Event, Load Scene, UI Slider Set Normalized Value, UI Slider Get Normalized Value, Set Audio Volume, Application Quit。